知识生产的原创基地
BASE FOR ORIGINAL CREATIVE CONTENT

颉腾文化
JIE TENG CULTURE

Who Will Cry When You Die?

Life Lessons from The Monk Who Sold His Ferrari

人生谢幕谁人泪别？

[加] 罗宾·夏玛（Robin Sharma）——著

林琳——译

生活·讀書·新知 三联书店 生活書店 出版有限公司

图书在版编目（CIP）数据

人生谢幕，谁人泪别？/（加）罗宾·夏玛著；林琳译.-- 北京：生活书店出版有限公司，2023.12
ISBN 978-7-80768-446-6

Ⅰ.①人… Ⅱ.①罗… ②林… Ⅲ.①人生哲学－通俗读物 Ⅳ.① B821-49

中国国家版本馆 CIP 数据核字（2023）第 226430 号

选题策划　颉腾文化
责任编辑　张　健
特约编辑　王　慧
装帧设计　王建敏
责任印制　孙　明
出版发行　生活書店出版有限公司
（北京市东城区美术馆东街 22 号）
邮　　编　100010
经　　销　新华书店
印　　刷　文畅阁印刷有限公司
版　　次　2024 年 1 月北京第 1 版
2024 年 1 月北京第 1 次印刷
开　　本　880 毫米 ×1230 毫米　1/32　印张 6.75
字　　数　122 千字
印　　数　0, 001-3, 000 册
定　　价　59.00 元
（印装查询：010-64004884；邮购查询：010-64052612）

谨以此书献给读者。愿你能将本书中的生活智慧学以致用，以充分发挥自己的天赋，同时为周围所有人的生活带来改变。

谨以此书献给我的孩子科尔比（Colby）和比安卡（Bianca），你们是我的两位良师。我爱你们。

人生的悲剧不是死亡，而是人活着心却死了。

——诺曼·卡森斯(Norman Cousins)

序言 | PREFACE

我要向翻开这本书的读者致敬。翻开这本书意味着你已下定决心开启更从容、更快乐、更完整的生活，意味着你已下定决心不再稀里糊涂、浑浑噩噩地生活，而是要用心经营自己的生活。为此，我为你喝彩。

自之前两本书《卖掉法拉利的高僧》和《唤醒心中的领导者》面世以来，我收到了无数读者的来信，告诉我他们借助从书中采撷的智慧让生活焕然一新的亲身经历。这些形形色色的读者评论令我深受触动、备受鼓舞。我也收到了许多读者留言，鼓励我将自己关于生活艺术的智慧提炼为一系列人生经验教训的课程。因此，我穷尽毕生所学，将这些智慧付梓成书。我坚信这本书将帮助你改变自己的生活。

以下文字皆发自肺腑，衷心希望这些流淌的文字不仅能够让你与我奉上的人生智慧产生共鸣，同时能激励你付诸行动，持续地改善生活的方方面面。按照个人经验，我发现仅仅明确目标是不够的，还必须将其付诸行动，这样才能过上梦寐以求的生活。

因此，当你翻开这本书时，希望你会找到充实职业生涯、个人生活和精神生活的智慧宝藏。请务必给我写信、发电子邮件或参加我的培训班，一起分享你是如何将这本书中的人生经验融入生活的。我会尽我所能以私人信件的形式回复你的来信。愿你内心平和丰盈，天天喜乐，活得有价值！

罗宾 · 夏玛

Robin

目录 | CONTENTS

1

发现使命

在我成长的过程中，父亲说过的一句话令我永远无法忘怀。他说："儿子，你来到人世的时候，全世界都欢欢喜喜，而你却号啕大哭。你要过好这一生。这样，当你离开人世的时候，全世界都号啕大哭，而你却欢欢喜喜。"生活在这样一个时代，很多人已然忘记了生活的本质是什么。我们可以轻而易举地把人送上月球，却很难迈开脚步穿过马路去会会新来的邻居。我们可以精确无误地向世界各地发射导弹，却很难信守约定，陪孩子去一趟图书馆。我们拥有电子邮件、传真机和智能手机，可以随时随地保持联系，可人与人之间的关系却从未如此疏离。我们情感淡漠。我们丧失了目标。我们忽略了最重要的东西。

因此，当你开始读这本书的时候，敢问：当你的人生谢幕时有谁会为你哭泣？有幸来人世间走一遭，你的存在温暖了多少人？你的人生会对后世产生什么影响？在你咽下最后一口气之后，会给后人留下什么？我个人的人生教训是，如果你不扼住生活的喉咙，就会反过来被生活扼住喉咙。明日复明日，明日何其多？一生蹉跎，人生谢幕之际，只能空留一腔悔恨。在萧伯纳弥留之际，有人问他："如果人生能够重来，你会做什么？"他想了想，然后深深地叹了口气："我想成为本来可以成为，却一直没有成为的那个自己。"我写这本书就是为了避免你重蹈覆辙。

作为一名专业演讲人士，我职业生涯的大部分时间都在北美各地的会议上发表主题演讲，乘飞机穿梭于城市之间，与形形色色的人分享自己对商业和生活领域中的领导力的见解。尽管听众来自各行各业，但他们近来提出的问题总是如出一辙：如何找到人生更宏大的意义？如何通过自己的努力持续地作出贡献？如何简化生活才能抓住时间享受人生的旅程？

对诸如此类的问题，我的回答总是如出一辙地从这句话说起：找到你的使命。我相信，每个人身上皆有所长，等待着一个有价值的目标召唤行动。我们都带着独特的使命来到人世，这些崇高的使命让我们得以发挥人类的最大潜能，同时也让我们能够为周围人的生活创造价值。找到你的使命并不意味着你必须放弃手头的工作。它只是意味着你需要更投入地工作，专注于自己最擅长的事情；意味着你不再坐等他人为自己带来内心渴望的改变——正如圣雄甘地所言:“改变世界，从改变自己开始。”一旦你这么做了，生活将会随之改变。

2

每天都要善待陌生人

英国作家阿道司·赫胥黎（Aldous Huxley）在弥留之际反思人生经验，最后只用了简单的一句话概括："让我们对彼此更友善。"我们常常以为，要过上真正充实的生活，就必须取得那种能够见诸报端的丰功伟业。这根本就是无稽之谈。有意义的生活是由日常礼貌与善意的涓涓细流汇聚而成，而恰恰是这些漫长生活中的日常举动成就了真正的伟大。

每一个进入你生活的人都会告诉你一个道理，给你讲述一个故事。每一天都由许许多多的瞬间组成，在这些瞬间里与你擦肩而过的每一个人都意味着能够给予他人多一分同情、多一分礼貌的机会。而这，正是人性所在。为什么不行动起来，在人生的旅程中做更真实的自己，尽己所能让周围的世界变得更美好、更丰盈呢？在我看来，如果你在生命中的每一天让哪怕只有一个人微笑，抑或是为一个陌生人驱散心中阴霾，这一天于你而言都是值得的。善意是我们寄居人世必须支付的租金——道理就是这么简单。

请开动脑筋，以各种方式向陌生人表达善意。为后方来车支付过路费，在地铁上给有需要的人让座，第一个打招呼——从这些小事做起就很好。最近，我收到一封《卖掉法拉利的高僧》的读者来信。这位读者住在华盛顿州，她在信中写道：“我有一个习惯，就是给帮助我心灵成长的人一点馈赠。随函附上一张 100 美元的支票，谨此致以我的祝福和感谢。”我很快回应了她的慷慨之举，回赠我的节目录音，做到礼尚往来。她的举动给我们上了很好的一课，告诉我们真诚的、发自内心的给予有多重要。

3

找准视角

一个古老的故事中讲道，一个身患重病的人坐着轮椅被推进病房，病房里还有另一个病人躺在靠窗的那张床上休息。后来两人成了朋友，靠窗的那个病人会往窗外看，然后绘声绘色地描述外面的世界，逗那个卧床不起的病友开心，一讲就是几个小时。他时而描述医院对面公园里的树木如何郁郁葱葱，树叶如何迎风起舞；时而惟妙惟肖地模仿过路人的一举一动，逗病友开心。然而，随着时间的推移，这个卧床不起的人越来越沮丧，因为他无法目睹朋友口中那些妙趣横生的景象。最后，他甚至渐渐讨厌起这个朋友，心生怨怼。

某个深夜，靠窗的这个病人在一阵剧烈的咳嗽中停止了呼吸。另一床的病人却没有按下求救按钮，而是袖手旁观。翌日清晨，那个绘声绘色描绘窗外世界、曾经为朋友带来如此多快乐的病人被宣布死亡并推出病房。

另一床的病人随即要求将自己的床移到窗户旁，主管护士答应了他的请求。可当他向窗外望去时，却被眼前的景象惊呆了：窗户前面竟是一堵光秃秃的砖墙。在那样艰难的时候，已经离开的那位病友凭借想象，杜撰了种种令人不可思议的景象，这种充满爱意的举动为的就是让自己的朋友在艰难的时候好过一些。这样的举动源于无私的爱。每每品味这个故事，总能让我换一个视角看待问题。当我们身陷困境时，必须换一个视角，不断扪心自问："有没有一种更明智、更开明的方式来看待这种看似消极的情况？"只有这样，才能活得更快乐、更充实。据报道，人类历史上最伟大的物理学家之一斯蒂芬·霍金（Stephen Hawking）曾说过，我们生活在环绕着一颗非常普通的恒星公转的小行星上，周围是茫茫宇宙中数以万计的星系。这对我们转换视角有何启示？在茫茫宇宙中地球尚且渺小到不值一提，你的麻烦真的有那么大吗？以往遇到的难题、现在面临的挑战真如你想象的那样严重吗？

我们在地球上留下的足迹如此短暂。在茫茫宇宙中，我们的生命只是这片永恒画布上转瞬即逝的光点。因此，要有享受人生旅程、品味沿途风景的智慧。

4

爱自己狠一点

高度成功且富有意义的生活有一条贯穿始终的金科玉律，那就是自律。自律让你能够履行自己认定的应尽的职责，却不以为苦。没有自律，你就无法设定明确目标，无法有效管理时间，无法善待他人，无法挺过难关，无法呵护自己的健康，也无法积极地思考。

我将自律的习惯称为“狠狠爱”，因为对自己狠才是真正地爱自己。对自我更严格会让你以自己的方式活得更从容明白，而不是像溪水中的一叶浮萍随波逐流。正如我在培训班上告诉学员的那样，对自己越狠，生活才会对你越仁慈。你的生活质量最终取决于你所做的抉择的质量，包括你选择追求的事业、读过的书、每天起床的时间，还有一天中的所思所想等。当你借助做正确的抉择（而非避难趋易）持之以恒地磨炼自己的意志时，也就夺回了生活的掌控权。做事高效且生活充实的人不会花时间去追求唾手可得的东西。他们有勇气倾听自己内心的声音，选择去做明智的事情。正是这样的习惯让他们能够脱颖而出。

“成功者总是喜欢做那些失败者避之唯恐不及的事情。”散文家、思想家格雷（E. M. Gray）曾说道。“当然，成功者也并不一定乐于这么做。只不过他们的不乐意在强大的目标面前屈服了。”19 世纪英国科学家、教育家托马斯·亨利·赫胥黎（Thomas Henry Huxley）也有类似的观点，他指出：“或许一切教育的最大价值，就在于让人能够在该出手的时候出手，去做自己该做的事情，无论自己喜欢与否。”而亚里士多德则用另外一种方式阐释了这种智慧：“无论学什么，只有亲身实践才能收获真知。譬如，想成为建筑工就要动手建房子，想成为竖琴演奏家，就要拨动琴弦。同样地，想要成为正义的化身就必须做出正义的行为；想要有自制力，就必须做出自制的行为；想要变得勇敢，就要做出勇敢的行为。”

5

坚持写日志

坚持写日志是个人积极主动地促进自我成长的最佳方式。写下每天的经历及从中吸取的教训，这样日积月累会让你变得更有智慧。它会让你更加自觉自知，减少失误。写日志还有益于你明确自己的意图，这样你就能专注于真正重要的事情。

写日志让你有机会定期与自己的内心对话。它迫使你在一个已然忘却深度思考的世界里去做一些深度思考。它还会让你思维更清晰，帮助你活得更有目标，活得更开悟。此外，日志还提供了一个空间，让你可以集中记录自己对某些重要问题的见解，总结奏效的制胜法宝，专注于你所知道的一切实现高质量的职业生活、个人生活和精神生活的要素。个人日志为你提供了一个私密的空间去展开想象的翅膀，定义自己的梦想。

日志与日记不同。日记是对事件的记录，而日志则是对事件的分析和评估。写日志能够促使你思考自己的行为、行为背后的原因，以及从中获得的经验教训。写日志能够为你提供一个剖析研究的平台，促进个人成长，丰富智慧，从而让你能够以史为鉴，在未来更上一层楼。医学研究人员甚至发现，每天只要花 15 分钟写日志，就可以改善健康、免疫系统功能和个人心态。记住，如果你的生活值得思考，那么它也值得记录。

6

走诚信之道

我们生活的世界里充斥着各种“言而无信”。我们生活的时代里有太多的“信口开河”。我们明知自己没有时间，却还是告诉朋友下周会打电话邀请她共进午餐。我们明知自己的书从不外借，却还是许诺同事，会把心仪的新书带过来。我们向自己许诺，这一年要重整旗鼓，简化生活，更充分地享受人生乐趣，实际上却无心在生活上做出深刻改变去实现这些目标。

言不由衷的行为久而久之就演变成一种习惯。这背后真正的问题是，不信守诺言就会失去信誉，而失去信誉会导致信任的纽带破裂。信任的纽带一旦破裂，最终会导致一连串关系的破裂。

走诚信之道的第一步，就是监督自己一周内说了多少小谎话。然后在接下来的一周里执行我所谓的“戒谎”行动，并发誓对他人和自己绝对诚信。每一次你没有做对事，就会助长做错事的习惯。每次你不说实话，就会助长不诚实的习惯。向他人许下了承诺，就要兑现承诺。要做一个说话算话的人，而不是“光说不做”。正如特蕾莎修女（Mother Teresa）所言：“少说点儿话。布道所不是会议室。那么，你该怎么做呢？拿起扫帚帮助别人打扫一下房子。这就够了。”

7

尊重过去

沉湎于过去的每一秒，消耗的都是你的未来。纠结于问题的每一分钟,耗费的都是你寻找解决方案的时间。眼看着覆水难收却依然不肯放下，实际上就是将希望拒之门外。你成天想什么，就会变成什么样——这是一个永恒的真理。这么说来，为过往的事情或错误烦恼是没有意义的，除非你想要重蹈覆辙。相反，你要利用过去的教训，实现更高层次的自觉自知和思想觉悟。

人生最大的挫折往往昭示着人生最大的机遇。正如古代思想家欧里庇得斯（Euripides）所言：“在命运洪流最凶险湍急处，蕴含着幸福的最大转机。”“天将降大任于是人也，必先苦其心志。”要学会用这些人生的经验教训为自己未来的成长添砖加瓦。记住，快乐的人常常和不快乐的人一样饱经磨难。二者的区别在于，快乐的人拥有处理回忆的智慧，能借此丰富自己的人生。

此外，你还要明白，如果你经历过比他人更多的失败，那很可能意味着你比他人活得更充实、更完整。那些比一般人更敢于冒险、敢于追求、敢于行动的人自然会备尝失败的滋味。但就我个人而言，我宁愿鼓起勇气去尝试，即使失败，也好过试都不试。比起过着安稳舒适、庸庸碌碌的生活，我更愿意用余生来拓展个人潜能，竭尽全力将不可能变为可能。这是成功人生的真正本质。正如希罗多德（Herodotus）一语道破的："与其因为恐惧未知的未来而怯懦畏缩、无精打采，不如鼓起勇气，迎难而上去冒险，承受我们预料中一半的糟糕结果。"布克·华盛顿（Booker T. Washington）也曾表达过类似的观点："我认为，衡量成功的标准与其说是权势地位，还不如说是在追求成功的路上克服了多少困难。"

8

好好开始每一天

新的一天如何开启，决定你这一天将怎么度过。我将醒来之后的 30 分钟称为“黄金 30 分钟”，因为这段时间确确实实是你一天中最宝贵的时光，深刻影响着这一天接下来的每一分每一秒的质量。如果你拥有足够的智慧和自律，能确保自己在这个关键时间段心无旁骛且高效行动，你会发现每一天都将以精彩纷呈的方式徐徐展开。

最近，我带着两个年幼的孩子去看了一部惊心动魄的 IMAX 电影《绝命海拔》(*Everest*)。除了气势恢宏的场景和伟大的英雄主义行为的刻画，片中还有一点令我难以忘怀：登山者想要登顶珠峰，关键是要有一个好的大本营。如果没有山下的大本营为他们提供一个休息、恢复体力和补给的场所，他们是不可能登顶的。在他们到达二号营地后，就会返回大本营待上几周，恢复元气。

在到达三号营地后，他们又会赶紧回撤到大本营，为前往四号营地做准备。到达四号营地后，他们会再次下山返回大本营，然后再向着顶峰做最后的冲刺。同样地，我认为我们每一个人如果要登上人生的顶峰，战胜日常生活中的挑战,都需要在“黄金 30 分钟”内重返大本营。我们需要回到大本营，重新找到人生的使命，重新唤醒自己，重新聚焦最重要的事情。

我已经在生活中养成了一种非常有效的晨起习惯，保证每天都有一个愉快、平和的开始。早晨醒来后，我就径直前往自己的“小天地”，在独属于自己的小空间里隔绝外界干扰，做做活动唤醒自己。然后，我会花大约 15 分钟的时间安静沉思，专注于生活中一切美好的事物，想象着期待中的一天即将开启。接下来我会取出一本人生智慧的藏书，这类书籍饱含成功人生的永恒真理，然而在我们生活的这个快节奏的时代，这些真理却很容易被遗忘。这类书籍包括罗马哲学家马可·奥勒留(Marcus Aurelius)的《沉思录》(*Meditations*)、《本杰明·富兰克林自传》(*The Autobiography of Benjamin Franklin*)及亨利·戴维·梭罗(Henry David Thoreau)的《瓦尔登湖》(*Walden*)等。这些作品中总结的经验教训让我专注于真正有价值的事情，帮助我为开启新的一天奠定良好的基础。而我在清晨这段宝贵时光里汲取的智慧为一天中余下的时间注入了能量，令每一刻都豁然开朗。因此,好好开始每一天吧。这将让你脱胎换骨、焕然一新。

9

学会优雅地拒绝

搞不清楚生活中的主次，就很容易对所有消耗时间的请求来者不拒。如果没有一个鼓舞人心且充实丰富的未来愿景作为指引，没有一个清晰的最终结果引领更有目的性的行动，就很容易让旁人的计划支配你的行动。正如我在《唤醒心中的领导者》一书中写到的："如果不将你的重要事项安排到自己的计划中，其他人的重要事项就会鸠占鹊巢。"解决这个问题的办法就是明确自己人生的最终目标，然后学会优雅地拒绝。中国的圣人庄子讲述了一个"大马之捶钩者"的故事。即使在耄耋之年，这个人捶钩依然毫厘不差，技艺炉火纯青。不管有多匆忙，依然不失毫芒。一天，大司马问捶钩老人："你是天生特别灵巧，还是有什么特别的门道？""只是专注于根本罢了，"捶钩老人答道，"我 21 岁开始捶钩。除了捶钩，心无旁骛。除了带钩之外，其他一概不看，一概不关心。捶钩成为我的热爱和目标。我不把精力花在其他地方，一心扑在捶钩这门技艺上。这就是我捶钩的秘诀。”

高效人士专注于自己的“闪光点”，即那些他们最擅长的事情及对于推动其毕生工作影响最为深远的活动。当他们全身心投入到重要的事情当中时，就不难拒绝那些分散注意力的无价值的干扰。迈克尔·乔丹（Michael Jordan）是非常出色的篮球运动员。他不管合同谈判、球衣设计，也不制订出行计划，而是把时间和精力都倾注于打篮球这件自己最擅长的事情上，把其他事情都交给经纪人处理。爵士乐大师路易斯·阿姆斯特朗（Louis Armstrong）也同样没有把时间花在兜售演唱会门票和给观众摆椅子这样的事情上，而是专注于自己的专长：吹小号。学会拒绝无关紧要的事情，会让你有更多的时间去做那些能真正改善自己生活方式的事，帮助你完成上天赋予的使命，流芳千古。

10

每周休息

在古代，一周的第七天被称为安息日。这一天是为生活中一些至关重要却通常被忽视的事情而设的，譬如与家人共享天伦之乐、深入思考、让自己焕然一新等。它为努力工作的人提供了一个给自己充电的机会，让他们能够更充实地享受一天的生活。然而，随着生活节奏的加快，总有层出不穷的事情让人们分神，这一美好的传统连同其为个人带来的诸多裨益一并消失殆尽了。

压力本身并不是一件坏事。它通常可以帮助我们发挥最佳的水平，拓展自己的极限，取得意料之外的惊人成就。不信你问问那些出色的运动员。可真正的问题在于，在这个焦虑横行全球的时代，我们的压力并没有得到充分的纾解。因此，为了给自己重新注入活力、滋养你的灵魂，你要每周找一个固定的休息时间让自己静下心来，找回生活中简单的快乐，找回那份随着日子越来越忙碌、生活越来越复杂而被你抛诸脑后的快乐。每周固定休息的习惯将帮助你减轻压力，激发创造力，让你能够更愉悦地扮演好人生的每一个角色。

每周的休息时间不一定要持续一整天。只需要有几个小时独处的时间就可以了——可以是在一个安静的周日早晨，花点时间做你最喜欢做的事情，譬如在最爱的书店待一会儿,沿着海滩独自漫步,看看日出,写写日志。安排好自己的生活，这样你就可以做更多自己喜欢做的事情，这是改善生活的第一步。如果他人不理解你把每周休息作为生活中不可或缺的一件事的目的何在，那又怎样呢？这么做是为了你自己，你值得拥有一个休息时间。用梭罗的话说："如果一个人和同伴的步调不一致，也许因为他听到的是不同的鼓点。让他跟着他听到的音乐前行吧，不管节奏是迟缓还是激越。"

11

与自己对话

几年前我还是一名诉讼律师的时候，虽然表面成功风光，内心却难觅平和，当时我读了詹姆斯·艾伦（James Allen）的《做你想做的人》（*As a Man Thinketh*）。这本书讨论了人类思想的巨大力量，它塑造了我们的现实，并为我们带来了幸福、丰盛的生活。书中还提到了我们日常使用的词语和语言对思维方式启蒙的深远影响。

我被这本书深深吸引，并开始阅读更多的人生智慧和励志类文学书籍。随着阅读的深入，我发现了日常交流（无论是与他人交流还是与自己交流）当中使用的词语对我们的生活质量有着深远影响且意义重大。这一发现也让我意识到，我们每个人每天每时每刻都在与自己对话，这也让我下定决心要改善与自己对话的质量。为了实现这一点，我用上了五千多年前古代圣贤的策略智慧。结果发现，这在许多方面改变了我的生活。

这个策略实施起来很简单，只需选择一个词句并训练自己的大脑在一天中的不同时间段里关注这个词，直到它开始主导你的意识并重塑你自己。如果你寻求的是内心的平静和安宁，这个词句——亦称心咒——可能是："我很感恩，我是一个平和、安静的人。"如果你想要变得更自信，那么你的心咒可以是："我很高兴，我充满了自信和无限的勇气。"如果你追求的是物质上的丰富，你可以这样说："我很感恩，财富和机会向我滚滚涌来。"

在走路去上班的时候，在排队的时候，或者在洗碗的时候，都可低声重复你的心咒，用这一股改善生活的巨大力量来填补原本的时间空白。试着每天至少重复200次心咒，至少持续四周。这么做将带来卓著的成效，因为你朝着平和、丰盛和有目标的生活迈进了一大步。正如哈兹拉特·伊纳亚特·汗（Hazrat Inayat Khan）所言："启迪灵魂的话语比珠宝更珍贵。"

12

安排固定的焦虑时间

《卖掉法拉利的高僧》面世后，大量的读者来信如洪水般涌来。读者告诉我他们在这样压力重重的时代发现了让自己变得更快乐、更充实、更平和的智慧，这让他们的生活焕然一新。许多读者在来信中提到，他们的工作非常繁忙，甚至大部分休息时间都还挂意着工作上的事情。工作上的挑战让他们焦头烂额，导致他们失去了欢笑、爱和与家人分享快乐的能力。

很多人就这样在人生最美好的年华里陷入了持续的焦虑。他们为工作焦虑，为账单焦虑，为环境焦虑，为孩子焦虑。然而，我们内心都深知，我们为之焦虑的大多数事情永远不会发生。马克·吐温（Mark Twain）说得好："我一生中烦恼甚多，可只有一些烦恼确实发生了。"我父亲是一个颇有智慧的人，对我的人生产生了深刻影响。他曾经告诉我，梵语中代表火葬柴堆的字符与代表担忧的字符惊人地相似。“这太让我吃惊了。”我回答道。“你不该感到吃惊,儿子。”他温柔地对我说,“一个是让死人灰飞烟灭,一个是让活人灰飞烟灭。”

焦虑的习惯会极大地降低一个人的生活质量,这一点我有切身体会。曾几何时,即将步入而立之年的我走上了所谓成功的快车道。当时的我从美国最负盛名的法学院获得了两个法律学位,担任首席大法官的法律助理,并作为诉讼律师处理着大量纷繁复杂的案件。可我总是过分拼命工作,过分焦虑。每周一早上当我醒来时,内心总是咯噔一下,深深地感觉到在这份与个人秉性不符的工作上浪费了自己的才能。因此我开始寻找改善生活的方法。我首先将目光投向励志和人生指导类的书籍,并从中发现了可以让自己过上更协调、更平静、更有意义的生活的智慧宝库。

我学到了一个战胜焦虑的小妙招,那就是安排特定的时间去焦虑,即我现在所谓的“焦虑时间”。碰到困难的时候,我们常常睁眼醒来就陷入焦虑情绪中无法自拔。与其这么做,我建议你不如安排固定的时间去焦虑,比如,每天晚上花 30 分钟处理焦虑。在这个焦虑时间段里,你可以沉浸在这些问题当中,也可以去担忧这些困难。但在“焦虑时间”结束后,你必须训练自己把烦恼抛诸脑后,去做一些更富成效的事情,比如到大自然中散步,读一本励志的书,或者与你爱的人倾心交谈。如果你在“焦虑时间”之余感到焦虑,可以快速将让你焦虑的事记在笔记本上，然后在下次的“焦虑时间”里处理它。这个简单而有强效的技巧将帮助你逐渐减少焦虑的时间，最终帮助你戒掉焦虑的习惯。

13

以孩子为榜样

不久前，我带着四岁的儿子科尔比去一家意大利餐厅吃午饭。那是一个秋高气爽的日子，我的小儿子一如既往地活蹦乱跳、兴高采烈。我们都点了意大利面作为主菜，然后开始享用服务员端上来的新鲜出炉的面包。当时的我全然不知儿子又要给老父亲上一堂生活艺术的课了。

儿子没有像大多数成年人那样吃掉整块面包，而是别出心裁地另辟蹊径。他挖出面包中热乎乎软乎乎的部分，留下完整的外皮。也就是说，他取其精华，舍弃其他——这是一种智慧。一次培训班上，有人跟我说：“小孩比大人更有智慧，他们能教会我们很多。”就在那样一个美好的秋日，儿子提醒了我，作为所谓的大人，我们花太多的时间关注“生活的外壳”，却忽视了生活当中随处可见的美好。我们关注工作中的挑战，关注一堆要支付的账单，关注自己没时间去做而又需要去做的那些事情。然而，我们的思想着实会塑造我们的世界，我们的所思所想也着实会在我们的生活中生根发芽。我们关注的焦点将决定我们的命运，因此，我们必须开始关注美好。

在接下来的几周里，花点时间去感受自己更有趣的一面，即感受自己内心的那个孩子。花时间去研究孩子身上的积极品质，并效仿他们，无论周围发生什么，都能精力充沛，天马行空，沉浸于当下。当你这样做的时候，请记住列奥·罗斯滕（Leo Rosten）那掷地有声的话语：

> 如果你像看待孩子一样去看人——不管是气场多么强大的人——多数情况下你都能更好地理解他们，与之产生更强烈的共鸣。因为大多数人并没有成长得那么成熟老到——我们只是长高了而已。哦，不过可以肯定的是，我们笑得少了，玩得少了，还像成年人一样套上令我们不自在的伪装，然而在这伪装的下面依旧是那个童心未泯的孩子，生活在童话故事里的孩子，想要的东西也很简单。

14

记住，天才源于 99% 的灵感鼓舞

著名发明家托马斯·爱迪生（Thomas Edison）有一句家喻户晓的箴言："天才是 1% 的灵感加上 99% 的汗水。"虽然我相信努力工作对于真正成功且充实的生活而言必不可少，但我认为能够受到强烈的灵感鼓舞启发并全身心地投入去改变世界是一个更为重要的特质。

世界上所有伟大的天才无一不是怀揣着为世人谋福利的渴望，以此鼓舞和激励自己。当你走进他们的生活时，你会发现这种渴望几乎成了他们的一种执念。这种渴望让他们沉醉其中，占据了他们的脑海。爱迪生受到鼓舞启发，将自己的想象变成了现实，向世人展示。发明脊髓灰质炎疫苗的乔纳斯·索尔克（Jonas Salk）受到鼓舞启发，去帮助世人摆脱这种可怕的病痛。还有，诺贝尔奖获得者、伟大的科学家玛丽·居里（Marie Curie）受到鼓舞启发发现了镭，造福人类。正如伍德罗·威尔逊（Woodrow Wilson）所言："你来到这个世界不仅是为了谋生。你活着是为了给这个世界带来更充实、更富远见、更富希望和成就感的生活。你活着是为了让世界变得更加丰富多彩，如果你忘记了自己的使命，将令自己陷入赤贫。"

你的生活是否备受鼓舞、充满动力？周一早晨醒来的时候，你是一骨碌从床上跳起来，还是懒洋洋地躺着，任由一种巨大的空虚感涌遍全身？如果你感觉缺乏动力鼓舞，就去读一本励志好书，或是听一个鼓舞人心的录音节目，或是参加你所崇拜之人的公开讲座，抑或是花几个小时研读英雄传记。慢慢学会花时间与那些对生活满腔热情、致力于让生活变得更美好的人为伴。一旦为自己注入有益的动力鼓舞，你很快就能让自己的生活更上一层楼。

15

身有庙堂

数月前，我和一位演讲行业的同事共进午餐。当我们谈起如何在繁忙的日程安排中保持专注、维持平衡和保持最佳状态时，他提出了一个强有力的观点。“罗宾，”他说道，“许多人经常去教堂或寺庙，在那儿让自己沉下心来，保持专注。我和他们有点儿不一样。我会去健身房——那儿就是我的庙堂。”他补充道，不管多忙，他每天下午五点半下班后都会前往健身房完成神圣的使命，在跑步机上跑几英里①，雷打不动，让自己保持身体健康、心情愉悦。

朋友的这一番话让我想起了自己的第一本书《大生活》中引用的一句古罗马名言——健康的身体里有健康的思想（Mens sana in corpore sano）。同时，这一番话也让我意识到，想要拥有充实、完整的生活，就要将

① 1 英里≈ 1.6 千米

自己的身体当作庙堂一般神圣的存在。定期锻炼不仅能改善健康状况，还能帮助你获得更清晰的思维，提高创造力，应对生活中铺天盖地、层出不穷的压力。研究证明，锻炼不仅能为生命注入活力，还能使生命延长。一项针对 1.8 万名哈佛校友的研究发现，每锻炼一个小时能延长三个小时的寿命。花时间锻炼带来的巨大回报，鲜少有投资能望其项背。记住："没时间锻炼的人最终总要腾出时间生病。"

就我自己而言，我设定了每周游泳五次的目标。游泳具有一种难以言喻的、令人焕然一新的魔力。虽然我很想说自己每周都能达成这个目标，但是事实并非如此。不过，有这样一个高远的目标能够让我时刻想着保持最佳身体状态对整个人的健康和生活质量有多么重要。在游泳池中的每一次锻炼无一例外地都会带来相同的结果：它让我感觉精力充沛、宁静平和、心情愉悦。不仅如此，在我看来，锻炼还给我带来了极其珍贵的礼物：它让我的视角焕然一新。在 40 分钟的游泳锻炼后，眼前的困难看起来似乎没那么艰巨了，任何的担忧都变得微不足道了，我发现自己已经完全活在当下了。爱护身体的行为提醒着我，生活中最大的快乐往往是最简单的。

16

学会静默

威廉·华兹华斯（William Wordsworth）有一句至理名言：“匆忙的世界让我们迷失了自我，当我们厌倦了世界的纷纷扰扰，厌倦了一成不变的享乐的时候，独处是多么安逸，多么舒适。”你最近一次抽出时间沉下心静下来是什么时候？你上一次抽出一段时间享受独处的力量，借由独处让自己养精蓄锐、重整旗鼓，让思想、身体和精神焕然一新，又是什么时候？

世界上所有流传至今的伟大智慧都得出了相同的结论：要重新找到真正的自我和探寻内心的力量，就必须时常静下心来。当然，你很忙。但正如梭罗所说：“光顾着忙是不够的，蚂蚁也忙，关键在于你在忙什么。”

讲到静默的重要性，这让我想起了一个看守灯塔的老人的故事。老人只有有限的油来点亮灯塔，让过往的船只避开岸边的礁石。一天晚上，附近的邻居要借一些宝贵的油来照亮他的家，老人就给了他一些油。又有一天晚上，一个旅人央求老人匀一些油给他点灯，以便他可以继续旅行。老人也答应了这个请求，给了旅人想要的那些油。隔天晚上，老人被一阵“砰砰砰”的敲门声吵醒。是一位母亲上门来讨油给家里点灯做饭。老人再次应允了。很快，老人的油就耗光了，他的灯塔也熄灭了。于是船只纷纷搁浅，许多人丧生，只因灯塔看守人忘记了自己最重要的事情。他忽视了自己的首要职责，并为此付出了高昂的代价。体验独处，哪怕是每天几分钟也好。它会让你对生活中最重要的事情保持专注，并帮助你避免像许多人一样庸庸碌碌，不得要领。

如果你说没有足够的时间时常静下心来，那就好比说你忙着开车没时间停下来加油一样——事实会证明，磨刀不误砍柴工。

17

设想理想睦邻

在认识自我的过程中，我会列出所有理想中的邻居。这些人是我会想每隔一段时间就去串串门喝杯茶，一起开怀大笑的人，他们有些在世，有些已经离世了。列出“理想睦邻”的方式会让你认识到你最敬重的人身上拥有怎样的价值观和特质，这么做能帮助你更加深刻地了解自我。花30分钟列一个“理想睦邻”的名单，也是生活中的一件乐事。

以下是我名单上的一些人：

● 诺曼·文森特·皮尔（Norman Vincent Peale），知名作家、《积极思考》（*The Power of Positive Thinking*）的作者

● 亨利·戴维·梭罗，伟大的美国哲学家、我最喜欢的一本书《瓦尔登湖》的作者

- 巴尔塔萨·格拉西安（Baltasar Gracian），耶稣会学者，后成为西班牙最伟大的一位作家
- 比莉·霍利迪（Billie Holiday），伟大的爵士乐歌手
- 纳尔逊·曼德拉（Nelson Mandela），自由战士
- 奥格·曼狄诺（Og Mandino），励志作家，其经典著作包括《更好的生活方式》（*A Better Way to Live*）、《成功大学》（*University of Success*）等。
- 特蕾莎修女，受人尊敬的人道主义者
- 理查德·布兰森（Richard Branson），英国大亨、冒险家
- 皮埃尔·艾略特·特鲁多（Pierre Elliott Trudeau），富有人格魅力的加拿大总理
- 迈尔斯·戴维斯（Miles Davis），传奇小号演奏家
- 穆罕默德·阿里（Muhammad Ali），世界拳王
- 本杰明·富兰克林（Benjamin Franklin），著名政治家

现在花点时间写下几个你理想的邻居。然后想想这些人有何令人钦佩的品质，以及如何在自己的生活中培养这些品质。实现人生愿景的第一步就是明确自己的人生愿景是什么。想成为自己梦寐以求的那个人，第一步就是明确这样的人有何特征。

18

早起

早起是给自己的一份礼物。很少有其他自律行为能像早起的习惯那样给你的生活带来如此大的改变。早上醒来后的头几个小时具有特殊的魔力，时间似乎放慢了脚步，空气中弥漫着宁静、平和的气息。加入“五点钟俱乐部”让你能够掌控一天的生活，而不是反过来让一天的生活掌控你。早起就能夺取“床铺拉锯战”的胜利，它能够在一天至关重要的开端给你带来至少一小时安静的时光。如果一天有个好的开始，那么这一天也将会以一种精彩的方式徐徐展开。

在《卖掉法拉利的高僧》一书中，我曾向读者发起一项挑战活动，要求他们“与太阳同起”，并提供了一些帮助他们培养这个新生活习惯的建议。我收到了大量读者信件、电子邮件和传真，读者告诉我早晨五点起床帮助他们提高了生活质量。因此，我可以有把握地说，这确实是一个值得在生活中坚持的成功法则。做到这一点，你将与我们这个时代许多最有影响力的人为伍，包括圣雄甘地、托马斯·爱迪生和纳尔逊·曼德拉、特德·特纳（Ted Turner）和玫琳凯·阿什（Mary Kay Ash）等人。

有一位《卖掉法拉利的高僧》的读者是营销主管。她在来信中写道，养成早起的习惯之后，她的压力水平大幅下降，后来公司团队还送给她一个镇纸，上面镌刻着几行字："致我们进步最快的员工：不管做什么，请坚持到底。你鼓舞了我们所有人。"从前是起床困难户的她发誓不再睡懒觉，努力弥补在床上蹉跎的岁月。因此，当家人（以及周围人）都在睡觉的时候，她开始试着早起，起初是六点起床，然后是五点半，最后是五点。她发现自己的空闲时间变多了，在这些多出来的时间里她会做一些自己想做但不知何故从来没有时间做的事情。聆听古典音乐、阅读名家经典作品、写信、散步……她用各种丰富的活动让自己重新变得精神焕发，重新找回失去的那一部分自我。早起让她开始重新关爱自己。这也让她更好地担负起了家长、伴侣和职场上的角色。

要养成早起的习惯，首先要记住的是睡眠的质量比时长更为重要。六个小时安稳不间断的睡眠胜过十个小时心神不宁、断断续续的睡眠。以下是四个帮助你实现深度睡眠的小贴士：

- 当你躺在床上酝酿睡意时，不要预演明天的活动。
- 晚上八点以后不要吃东西。（如果非要吃东西，那就喝点汤。)

- 睡觉前不要看新闻。
- 不要在床上看书。

给自己几周时间让这个新习惯扎根。说你尝试着早起但在七天后因为难以做到而放弃，就像说你尝试着上了一周的法语课但因为还没学会就放弃了一样。生活的改变需要时间、努力和耐心。然而，它结出的硕果会让你当初所承受的压力愈发值得。

19

视烦恼为福报

在人生指导主题培训班上，我经常问参与培训的学员这样一个问题：“我认为，最困难的经历往往能给予我们最大的收获，这一点你们同意吗？”不出意料，房间里几乎每个人都举手表示赞同。这让我时常思索，人为什么要浪费生命中这么多的时间揪着那些困难经历带来的负面影响不放，而看不到这些经历真正的意义所在：它们就是我们最好的老师。那些你所遇到的挫折、犯过的错误和遭过的苦难无一不成就了你如今的智慧和知识。要充分意识到，苦难是你的老师，失败是成功之母。不弹错几个音就学不会弹吉他，不翻几次船就学不会如何乘风破浪。朋友，请从现在开始，视烦恼为福报，下定决心将绊脚石变成垫脚石，发誓将伤痛化为智慧。

与大多数人一样，我在人生前进的道路上也不可避免地经历过痛苦的洗礼。但我总是尽力提醒自己，一帆风顺的生活并不足以塑造我们的品性，真正塑造我们的，是生活中的艰难险阻。正是生活中那些最艰难的时刻让我们发现了真正的自己，发现了自己内心最强大的力量。如果你正在经历生活的挑战，那么请容我呈上雷纳·玛利亚·里尔克（Rainer Maria Rilke）的智慧箴言，这些话曾经给生活困顿的我带来了巨大帮助。

> ……对心中悬而未决的一切都要有耐心。试着去爱这些问题本身，将它们视作上锁的房间，或是用外语撰写的书籍。当下不要急着去寻找答案。当下的你还找不到答案，因为你还没有好好经历这些问题。问题的关键在于经历这一切。现在，你需要做的就是经历这些问题。或许在未来的某一天，你会逐渐发现自己正在不知不觉中经历并体会着这些问题的答案。

20

多笑一笑

一项研究表明，四岁的孩子平均每天笑三百次，而成年人平均每天只笑十五次。各种职责、压力和活动充斥于我们这些成年人的生活，让我们忘记了如何微笑。事实证明，每天笑一笑可以振奋精神，促进创造力的发挥，为我们注入更多的能量。据报道，喜剧演员史蒂夫·马丁（Steve Martin）每天早上都会对着镜子笑五分钟，以激发自己源源不断的创造力，愉快地开始新的一天（试试看，很奏效）。笑声疗法甚至被用来治疗疾病和疗愈病痛。正如现代心理学之父威廉·詹姆斯（William James）所言："我们笑不是因为我们快乐。我们快乐是因为我们笑了。"

我有一个一向以足智多谋著称的朋友，有一年他便把"多笑一笑"作为自己的新年目标。每隔几周，他就会去当地的音像店租一部名为《活宝三人组》（*Three Stooges*）的电影或是买一本新的幽默的书，有空的时候就看看。他本身就已经是一个积极乐观的人了，采取这项个人发展的举措之后他感觉更快乐了，也笑得更多了。沉浸于幽默的环境中，生活中增添了新趣味，这让他逐渐用积极的眼光看待一切，工作上的压力也不觉得那么大了。这个简单的方法让他的生活焕然一新，做事的效率也提升了不少。

为什么不效仿我的朋友，到当地的音像店买些最新的搞笑电影光盘来看呢？还可以看看诸如加里·拉森（Gary Larson）的“远方”（Far Side）系列，或是家喻户晓的“呆伯特”（Dilbert）系列漫画，让自己养成笑的习惯。重新找到自己有趣的那一面，享受开怀大笑的神奇魅力。

21

一天不戴手表

去年秋天，我做了一件好几年来都没做过的事情：出门不戴手表，一整天都不看时间。这一天不按部就班，而是活在当下，随心所欲，让自己成为一个真正的人，而不是庸庸碌碌的人。

一大早，我就去树林深处散步，这是我最喜欢做的一件事情。我随身带着一本挚爱的旧书——亨利·戴维·梭罗的《瓦尔登湖》。我找到一个风景优美的地方坐下来阅读。当我翻开书页，我体验到了一个共时性[①]的时刻，在对的时间正做着对的事情。随手翻开书，这样一段文字便映入眼帘：

> 我来到树林，是因为我希望过从容不迫、深思熟虑的生活，只面对生活的本质，看看是

① 精神分析学名词，指两个或多个毫无因果关系的事件同时发生，其间似隐含某种联系的现象，简单来说就是“有意义的巧合”。——译者注

否能够学到生活要教给我的东西，而不是到临死时才发现自己并没有活过。我不想过不是生活的生活，活着是如此宝贵；我也不想听天由命，除非迫不得已。我要深入生活，吸取它的全部精髓，坚定地，像斯巴达人那样，铲除一切不是生活的东西……

我品味着这位伟人的文字，沉浸在周围瑰丽奇异的风景当中。那一天余下的时间里，我去书店，和孩子一起看《玩具总动员》（*Toy Story*），和家人一起在露台上放松，听我最喜欢的音乐。没有什么昂贵的支出，没有什么复杂的事情，唯有说不尽的乐趣。

22

拥抱冒险

我向你保证：在人生暮年弥留之际，让你最后悔莫及的绝不会是自己经历过的种种冒险。让你感到最为遗憾和难过的，反而是那些你未曾尝试过的冒险，未曾抓住过的机会，还有那些未曾直面过的恐惧。记住，恐惧的另一面是自由。我们要始终秉持这样一条经久不衰的成功法则："生活只不过是一场数字游戏——你冒的风险越多，生活回赠给你的就越多。"用索福克勒斯（Sophocles）的话来说就是："运气永远不会站在缺乏勇气的人这一边。"

为了让生活更加丰盈，你要开启冒险的旅程，做自己恐惧的事情。学会跳出舒适圈，迎难而上。当然，不走寻常路可能意味着前路更加崎岖，可这是实现一切目标的唯一道路。正如我睿智的母亲常说的："一只脚踩在二垒是不可能到达三垒的。"也正如安德烈·纪德（André Gide）所言："如果不愿意远离海岸长时间航行，就无法发现新大陆。”

富足生活的真正奥秘在于不要把时间浪费在寻找安全感上，而是要学会把时间花在追逐机会上。当然，当你开始尝试更从容、更富激情的生活时，难免会遭遇失败。但失败是成功之母。或者正如我父亲曾说过的那样：“罗宾，冒险是有风险的。但所有的收获都源于冒险。”

正如我在之前的一节课中写到的，生活就在于选择。拥有高度自我满足感和充分实现自我的人只是比其他人更懂得选择罢了。你可以选择继续待在舒适圈里度过余生，也可以选择抓住机会，一头扎进去，找到等待真正有勇气的人去发掘的珍宝。为了鼓舞自己，让自己将注意力放在不断拓展个人的界限上面，我在写作的书房里贴上了西奥多·罗斯福(Theodore Roosevelt)的这一席话：

> 重要的从来不是那些批评者；不是那些指责强者跌倒的人，也不是那些挑剔实干家没有做到最好的人。荣耀属于亲身站在竞技场上拼搏的人。他们的脸上沾满灰尘、汗水与鲜血。他们顽强拼搏，屡败屡战。他们满腔热忱，全身心投入，献身于崇高的事业。他们知道最好的结果是功成名就，最坏的结果是哪怕最终落得失败收场，至少他们败得无所畏惧。不应该将这样的人与那些不懂得胜利，也没尝试过失败的冷漠、胆小的灵魂相提并论。

23

过好人生每一天

电影明星凯文·科斯特纳（Kevin Costner）在被问及职业生涯的起起落落时回应道："我在体验人生。"我觉得这个回答颇有深意。他并没有把时间浪费在评判人生遭遇是好是坏上面，而是采取中立的立场，坦然接受人生本来的面目：这是他漫漫人生路上的一堂必修课。

每个人通往终点的道路都不同。有些人的道路比其他人更加崎岖。然而，不经历风雨就无法抵达终点。因此，与其在风雨中苦苦挣扎，为什么不坦然接受这就是一种生活方式？为什么不抛开结果，充分体验生活赋予你的一切境遇呢？感受痛苦，品味快乐。没有穿越过低谷，就无法充分感受山顶一览众山小的壮丽景象。记住，人生中没有真正的失败，有的只是结果。没有真正的悲剧，只有教训。没有真正的问题，只有等待智者找到解决方案的机会。

24

从一部好片中获得启迪

空闲的时候我喜欢去看电影。我经常带着小女儿比安卡和儿子科尔比，一边嚼着爆米花，一边欣赏最新上映的热门动画影片。我们总是眉开眼笑地走出电影院，而每部电影中出现的新角色也会成为我们日常游戏中扮演的形象。在巡回演讲的旅途中，无论身处哪个城市，我依然会尽量在一天结束时腾出几小时，溜进电影院看一部好电影。我发现，电影不仅能让我放松，还能把我带入一个不同的世界，激励我不断思考生活中无限的可能性。我想电影激发了我内心的梦想。

最近，我看了一部名为《美丽人生》(*Life Is Beautiful*)的意大利电影。虽然要借助字幕观看，但这部电影在近三个小时里牢牢吸引住了我，让我在电影中找到了久违的感动。故事的大部分内容围绕着一个慈爱的父亲与幼子的关系展开。一开始两人形影不离，共同度过了许多美好的时光。突然，一天下午，两人从家中被带走，坐上了开往臭名昭著的奥斯威辛（Auschwitz）集中营的火车。电影余下的部分展示了这位父亲如何竭尽全力，不仅让儿子活着，还让他在可怕的磨难中真正地保持快乐。尽管影片中父亲最终牺牲了自己的生命，但是《美丽人生》敲响了一记警世沉钟，告诫人们生活是一份礼物，必须充分利用生活的每一天。

一部好电影可以让你厘清观点，让你重新认识到自己最珍视的东西，让你以满腔热情拥抱生活中的一切。正如拉尔夫·沃尔多·爱默生（Ralph Waldo Emerson）所言："没有热情，就不会有伟大的成就。"

25

为花出去的每一分钱赋予善念

如果你去英国伦敦，一定要到访福伊尔书店。这是伦敦历史最为悠久的一家书店。我浏览这家书店布满灰尘的书架，从中淘到的宝贝比我去过的世界上其他任何一家书店都要多。我专注于励志文学，如饥似渴地学习，因此常常被这里的励志文学类书籍深深吸引。我总是去寻找那些鲜为人知的、能为我提供生活艺术方面某些真知灼见、有助于提升生活质量的作品。在福伊尔，我总能淘到这样的宝贝。几年前，我发现了一本名为《激发思维魔法》（*Bring Out the Magic in Your Mind*）的书籍。这是一个名叫阿尔·可兰（Al Koran）的人在大约三十年前写的，此人当时被称为“世界上最优秀的心理魔术师”。在书中“财富的秘密”这一章中，他写道：“花钱的时候，记得一定要为这些钱赋予善念。请求它祝福收到钱的每一个人，命令这些钱让饥饿的人得以果腹，让衣不蔽体的人得到温暖，命令它们带着一百万倍的回报回到你身边。不要轻视这一点。我没开玩笑。”

为什么不在接下来的几天里遵循阿尔·可兰的建议，看看接下来会发生什么？当你支付食品杂货费用时，默默地祝福所有把这些食物带到你面前的人：培育食物的农民，搬运食物的送货员和储存食物的店员。如果你正在开孩子的学费支票，为什么不默默地感谢所有花时间塑造孩子思想的老师和所有让这项工作成为可能的人呢？当你掏出几张钞票购买便利店货架上的杂志时，请祝福那些在柜台后面辛苦工作的人，希望这些钱能够提高他们的生活质量。正如那句亘古不变的真理所言：“有舍必有得。”

26

关注价值

不久前，一个联邦快递的包裹寄达了我的办公室。包裹里面是一个信封，封口处贴着金色的封条，信封正面工工整整地写着我的名字。我迅速打开信封，开始阅读里面的来信。这是一家大公司首席执行官的来信。他赴欧洲参加商务会议途中在一个机场里读到了《卖掉法拉利的高僧》这本书。他说自己毕生都在研究领导力，一看到这本书的标题就会心一笑，被它吸引住了。这位高管日理万机，肩负重担，一直以来都承受着巨大的压力。他希望能学习一些方法来提高自己的领导效率，以便腾出更多时间去做一些对于职业生涯和私人生活而言真正重要的事情。他在信中写道：

> 当我读到书中关于这个人剪不断理还乱的生活故事时，我就联想到了自己，联想到了

那个被忽略了多年的自己。我想起了公司里那些向我寻求指导和鼓励的同事；想起了过去的五年里一直央求我休假的妻子；想起了我的三个孩子眼睁睁地看着父亲在他们正值青春的美好年华里将所有的时间都用于追逐自己所谓的成功。我自认为是一个坚强的人，但当我继续往下读这本书时，竟开始默默抽泣，而后失声痛哭。空乘人员见状赶忙过来礼貌地询问我是不是出了什么事。

这位首席执行官继续写道：

那一刻给我敲响了警钟，这个经历令我刻骨铭心。我知道，必须在领导方式和生活方式上做出一些重大改变了。因此，坐在那架飞机上，在离地3.5万英尺[①]的高空，我向自己承诺，今后将致力于消除生活中的众多干扰，只专注于最根本的事情，即那些真正能够改变我工作和生活方式的少数事情。我发誓不再一天看六份报纸，不再处理出现在收件箱里的每一封电子邮件，不再对每一次宴会邀请来者不拒。你将关于善用时间那一章的标题总结为“最珍贵

① 1英尺≈0.3米

> 的必需品”，这恰如其分。我甚至把这个标题做成一块牌子放在了桌面上，提醒自己“眉毛胡子一把抓，到头来什么也干不成”。自从我开始遵循这个简单的生活哲学以来，生活发生了翻天覆地的变化，妙不可言。谢谢你。

时间是你最宝贵的东西，然而大多数人挥霍人生，就好像时间多得花不完似的。掌控生活的真正秘诀就在于重新找到生活的焦点。把事情做好的真正秘诀就在于取舍。一旦你只把时间花在那些推动自己完成人生使命、让自己流芳百世的重要事情上，一切都会随之改变。对此，历史上许多伟大的思想家不约而同地得出了同样的结论。圣人孔子曾说：“逐二兔，不得一兔。”而罗马哲学家马可·奥勒留也曾说过：“如果你想过平静的生活，就减少一些活动。”现代管理学之父彼得·德鲁克（Peter Drucker）则以另一种方式阐述了这一智慧，他写道：“没有什么比高效地完成根本不该做的事情更无意义的了。”

27

写感谢便条

举手之劳的事情往往也是我们疏于去做的事情。生活节奏越快，这样简单的小举动对那些最值得感谢的人产生的影响就越大。在我看来，在这些影响深远的小举动中，首屈一指的就是写感谢便条这门被人遗忘的艺术。

每个人都乐意收到来信——这是人之常情，因为我们都有一种根植于内心的、被重视的需要。我发自内心地喜欢收到那些读过我的书并利用书中经验教训积极改变自己生活的读者写来的信件。几乎没有什么比收到满满一袋子邮件更让我兴奋的了。这一封封邮件来自参加过我的培训班的学员，他们亲眼见证了自己事业腾飞，个人生活焕然一新。收到这些来信时，我都欣喜不已，尽己所能回复办公桌上的每一封来信，并附上我自己的感谢便条。

即使是日常打交道的人，譬如打电话向我预约演讲活动的高管、参加我的个人培训项目的学员、提出采访邀约的媒体工作人员及致电探讨新商机的业务员，我也会尽量在每次打交道后给他们写一封真诚的感谢信。当然，这需要花时间。当然，我的日程安排里可能也不乏一些紧急事项。然而，一封发自肺腑的感谢信在缔造和巩固关系方面所起到的作用，鲜有其他行动能与之相媲美。它传递了你的关心，透露着你的体贴和人情味。所以这周就出去买一包空白的感谢卡片吧，如今这样的感谢卡片在当地的办公用品批发商店就可以买到。买来之后就可以开始写感谢便条了。你，还有所有与你打交道的人都会为这个举动而感到开心。

28

书不离身

据《美国新闻与世界报道》(U.S. News & World Report) 报道，人一生中会花八个月的时间查看垃圾邮件，花两年时间回复无人接听的电话，花五年时间排队。鉴于这个令人震惊的事实，你能用得上的最简单也是最聪明的一个时间管理策略就是无论去哪儿都随身带一本书。这样，在其他排队的人不停抱怨的时候，你将能借由好书为自己的头脑提供丰盛的精神食粮，不断成长。

罗马哲学家塞涅卡 (Seneca) 曾说："只要你还活着，就要不断学习如何生活。" 然而，大多数人在走出校门之后阅读的书籍屈指可数。在这个风云变幻的时代，思想对于成功而言意义重大。只需要借助从一本好书中汲取的一个思想，就可以重塑你的性格，改变你的人际关系，或者彻底改变你的生活。亨利・戴维・梭罗在《瓦尔登湖》中提到一本好书可以改变你的生活方式，他这样写道："很可能有针对我们状况的文字，如果我们能够真正听进去并且理解的话，它们也许会比清晨或春天更有益于我们的生活，并使我们看到事物全新的一面。有多少人因阅读一本书而开启了人生新的篇章。也许解释我们的奇迹并揭示新奇迹的书对我们来说是存在的。"

你在生活中能取得多大的成就，并不取决于你的努力程度，而是取决于你思维的高度。正如我在关于领导力的主题演讲中所说的："在新的经济态势下，最伟大的领导者将会是那些最伟大的思想家。"五年后你会成为什么样的人，归根结底取决于两个主要的影响因素：你结交的人和你读过的书。我经常和培训班的学员开玩笑说自己是"菜鸟打网球"：虽然很努力，但是几乎从未击中过一个球。然而，当我和高手过招时，奇迹发生了。我击出了以前从未击出过的球，身体在半空中优雅地划出一条弧线，那份舒展自如甚至会让顶尖的球员都自愧不如。阅读好书也有异曲同工之妙。当你站在巨人的肩膀上时，技能会得到提升，思维会变得更深刻，智慧也能更上一层楼。

深度阅读可以让你全天候地与世界上最有创造力、最聪明、最鼓舞人心的人沟通。亚里士多德、爱默生、塞涅卡、甘地、梭罗、多罗西娅·布兰德（Dorothea Brande）等许许多多让这个世界变得更美好的智者，正等待着通过他们的书与你分享他们的智慧。你有什么理由不充分把握这样的机会呢？如果你今天还没有阅读，那你还算不上真正过好了这一天。懂得读却没读，与想读却不懂得读的人并无二致。

29

创建爱的账户

特蕾莎修女曾经说过："没有什么伟大的行为，只有用伟大的爱去做的一些小事。"今天你能做些什么小事来增进你和你最珍视的人之间的关系？你能通过什么随手的善意之举和不抱任何目的的美好举动，让他人的一天变得更加美好呢？我们要更富同情心，不要忘了，赠人玫瑰，手有余香。

想要逐渐学会变得更有爱心，可以去创建一个爱的账户。每天做一些小事，为周围人的生活增添欢乐，就能在这个特别的账户里增加一点积蓄。平日里给伴侣买一束鲜花，给挚友送一本你最喜欢的书，或者花时间明确地向孩子表达你对他们的看法……这些举动都是很不错的开始。

如果说生活教会了我一堂课，那么这堂课就是：小事不小。这些每天汇入爱的账户的涓涓细流给你带来的快乐是再多的银行存款也比不了的。爱默生说得好："倘若心灵不富有，即便拥有财富也只是一个丑陋的乞丐。"又或者像托尔斯泰写的那样："获得幸福的方法就是像蜘蛛一样抛出一张爱的天罗地网，然后将一切收入囊中。"

30

读懂对方眼神背后的意思

人类最深切的一个渴望是被理解、被珍惜和被尊重的需求。然而，在我们生活的快节奏时代，太多的人以为所谓的倾听只不过是等待对方把话讲完。更糟糕的是，我们常常利用别人讲话的这段时间来酝酿自己的反应，而不是与说话人提出的观点产生共鸣。

花时间真正理解他人的观点，这表明你重视对方说的话且关心这个人。当你开始关注说话人“眼睛背后的东西”，试着站在他的角度看待世界时，你会与之产生强烈的共鸣，并建立持久且高度信任的关系。

人长着两只耳朵和一张嘴是有原因的：这让我们得以花两倍于说话时长的时间去倾听。懂得更好地倾听还有另外一个好处：你并没有讲个不停，而是默默了解情况，因而获得了一些在你滔滔不绝讲话的情况下可能会错过的信息。

以下是一些帮助你更好地掌握倾听艺术的实用技巧：

- 如果和你交谈的人在过去的60秒内没有开口，而你还讲个不停，那么对方很有可能已经听不进去了，是时候闭嘴了。
- 遏制住打断别人的冲动。发现自己打断对方说话的苗头并将其扼杀在摇篮里，打起精神关注对方与你交谈的内容。
- 如果可以的话（例如在商务场合中）做笔记。在谈话中，没有什么比在对方说话时掏出记事本做笔记更能向对方表明你真心希望聆听其讲话内容的了。
- 在对方提出观点后，不要立即提出你的观点作为回应，而是要思考一下你刚刚听到的内容。可以说诸如此类的话：比如，“你是说……，我的理解对吗？”这样真诚的举动会拉近你与日常交往的对象之间的距离。

31

罗列问题

查尔斯·凯特林（Charles Kettering）说：“把问题阐述清楚，问题就解决了一半。”当你拿出一张纸，在上面罗列出自己面临的所有问题时，神奇的一幕就发生了。就好像你向挚友倾诉几周以来的烦恼之后突然感觉心平气和了，肩上的重担不知不觉地卸下了，你会感到更轻松、更冷静、更自由。

我发现，思想虽然可能成为我们最好的朋友，但也可能成为我们最大的敌人。如果你一直纠结于自己面临的问题，很快你就会发现脑子里除了这些问题再也装不下其他东西了。思想有时候是个怪咖：你想让它被记住，它却会被遗忘；想让它被遗忘，它却偏又被牢记。培训班上有些学员找到我，有人说仍然对 15 年前他人对自己的所作所为余怒未消，也有人说还因为上个月某个粗鲁的售货员的言语而感到愤愤不平。

为了避免这样的问题搅乱你的思想，你要用白纸黑字列出自己的一切担忧。如果你这样做了，这些问题就不会在脑子里发酵，耗尽你珍贵的能量。这个简单的练习方法还可以帮助你正确看待自己的问题，并且未雨绸缪、有条不紊地加以解决。有许多成功人士都用到了这样的技巧，其中包括武术大师李小龙，还有温斯顿·丘吉尔。后者曾说过："写下六件让我担心的事情，这颇有助益。其中的两个，比方说，可能已经烟消云散了；还有两个，我对它们无能为力，因此这种担心是杞人忧天；剩下的两个也许可以解决。"

32

将行动变成一种习惯

斯坦福大学的建校校长戴维·斯塔尔·乔丹（David Starr Jordan）曾说道：“知道要做什么是智慧，知道如何去做是技能，而动手去做则是一种优秀品质。”要做些什么才能过上更快乐、更健康、更充实的生活，这一点大部分人都心知肚明。真正的问题在于我们明知该做什么却不付诸行动。我听很多励志演说家说过：“知识就是力量。”这一点我并不认同。知识不是力量，知识只是潜在的力量。只有在你果断地将知识付诸实践的那一刻，它才会转化为实际的力量。

做轻而易举或有趣的事情，这并非坚强人格的标志。具有崇高道德威信的人有一个标志，即坚持做自己该做的事，而不是去做自己喜欢做的事。一个真正有品格的人会将时间都用于做正确的事。他不会在工作了一天精疲力竭之后花三个小时看电视，而是会有勇气从沙发上站起来和孩子一起进行亲子阅读。这样的人不会在寒风凛冽的冬日早晨睡懒觉，而是凭借自律的内在力量从被窝里爬起来去晨跑。既然行动是一种习惯，那么，你采取的积极行动越多，你就会越倾向于采取积极行动。

我们常常都在等待柳暗花明，却忘了路是走出来的，而不是等出来的。梦想很伟大。然而，空有伟大的想法并不足以成就一番事业、支付你的账单，或者让你成为自己认定能够成为的那个人。用托马斯·卡莱尔（Thomas Carlyle）的话说："尽管思想是最崇高的，但它并非人类追求的终极目标，人类追求的终极目标是行动。"最惊世骇俗的目标，永远都比不上最小的行动。

33

将孩子视作礼物

父亲节那天，儿子科尔比从学校带回来一张手工制作的卡片。卡片的正面印着儿子的小手印，内页是他的一张小照片，照片上方写着这么几句话：

> 有时候你会无可奈何，因为我太小了，而且还总在家具上和墙上乱按手印。但是我每天都在成长——总有一天我会长大，那些小手印也肯定会随之慢慢消逝。
>
> 所以，这里是我的最后一个手印。这样你就能清晰地回忆起我小时候的手印是什么样的了。
>
> 爱你的科尔比

孩子们转眼就长大了。我站在产房里等待着儿子的降生，两年后又迎来了女儿比安卡的到来，这一切恍若昨日。你常常轻易许诺自己,“等工作节奏慢下来后”“等我升职后”或者“等明年我时间更充裕后”，就花更多的时间去陪孩子。但是如果你不对生活采取行动，生活就会对你采取行动。日复一日、年复一年地拖延，不知不觉间那个小孩就已经长大成年，有了自己的家庭。因此，你能赠予孩子的最好的礼物是你的时间。而你能赠予自己的最好的一份礼物就是与孩子共享天伦之乐，将他们真正视作生命里的小奇迹。

在《先知》(*The Prophet*) 这本书中，卡里·纪伯伦 (Kahlil Gibran) 对于这个观点的阐释比我更加一语中的。他写道:“你的孩子，其实不是你的孩子。他们是生命对于自身渴望而诞生的儿女。”

34

既要享受得偿所愿时的快意，也要享受人生旅途中的风景

在工作中，我经常要教人们如何设定和实现目标。当我询问听众“为什么实现目标如此重要？”时，听到的回答经常是：“因为得偿所愿会让我快乐。”虽然这句话不无道理——得偿所愿的确常常能给我们的生活带来一定程度的快乐——但是这似乎并未触及问题的关键。设定和实现目标的真正价值并不在于你得到了多少回报，而在于达成目标让你成为什么样的人。意识到这二者之间的简单区别，让我能够在享受人生旅途的同时专注于实现自己个人生活和职业生涯的目标。

正如我最喜欢的一位哲学家拉尔夫·瓦尔多·爱默生所言：“做好一件事的奖赏，就是完成了这件事。”无论你的目标是成为更有智慧的领导者，还是成为更优秀

的父母，达成目标的同时你也会在实现目标的过程中收获个人的成长。这种成长往往润物细无声，你无从察觉，但它确确实实发生了。因此，与其仅仅享受实现目标所带来的回报，还不如庆祝你在实现目标的过程中提升了自己这样一个事实。你变得自律，发掘了自己的新能力，并进一步展现了自己作为一个人所拥有的潜力。这一切本身就是一种奖赏。

35

记住，意识先于改变

你永远无法铲除一个你甚至都不知道的弱点。铲除坏习惯的第一步是意识到这个坏习惯。一旦你意识到自己在试着做出改变，就已经踏上了改进的康庄大道了。

作为一名作家，我经常受邀在电台和电视脱口秀节目中露脸。刚开始做这些节目时，我以为自己天生就是这块料。与主持人会面，分享自己的见解，同来电话的观众讨论自己书中的观点，这一切让我乐在其中。直到开始研究自己录下来的节目录音时，我才意识到一些先前没有意识到的问题：我的语速太快了。事实上，我有时说得太快了，导致很多要表达的核心观点都被连珠炮似的语言掩埋，令收听节目的受众听得喘不过气来。意识到自己的弱点是克服弱点的第一步。

因此，我到最喜欢的书店买了五本关于有效沟通的书籍。此外，我还订购了一系列录音带，里面包括一些世界顶级演说家的演讲。我还加入了美国全国演讲者协会（National Speakers Association)。最后，我觉得还可以向相关的媒体人士学习，因此就打电话邀请他们花一点时间和我一起共进午餐。没有人拒绝我。在大概几周的时间里，我自学了如何提升在电视和广播情境中的表达能力的相关内容，这让我能够更有效地分享自己的观点。

我还发现，意识到一个弱点，即关注这个弱点，也能够推动人们在生活中寻求更多的解决办法。例如，意识到自己需要放慢速度以提升交际效果之后，我开始关注报纸上相关培训班的广告。我还在书店浏览书架上的书籍时发现了正合我意的书籍，并找到了在这方面可以给予我指导的导师。所以，请你在接下来的几周里反思自己的弱点，并发誓将这些弱点转化为优势，让自己的生活变得更加丰富多彩且充满活力。

36

阅读《相约星期二》

我在《卖掉法拉利的高僧》全美巡回售书活动的丹佛（Denver）站回程登机之前，顺道走进了机场的书店。当我在书店浏览最新的畅销书时，一本装帧朴素的小书吸引了我。这本书的书名是《相约星期二：一个老人、一个年轻人和一堂人生课》（*Tuesdays with Morrie：An Old Man，A Young Man and Life's Greatest Lesson*）。在巡回售书活动期间至少有十几位书商推荐我购买这本书，因为它和我的这本新作有许多相似之处。因此，我选购了这本书。

飞机起飞后，我虽然急需补觉，但觉得在这之前可以花几分钟翻翻这本书。没想到几分钟变成了几小时。当飞机着陆时，我正好热泪盈眶地读完了最后一页。这本书讲述的是一个大学毕业后事业有成的男人在他最喜欢的莫里（Morrie）教授生命的最后几个月里与之展开的心灵对话。每周二，这名昔日的学生都会去看望弥留之际的老师，聆听这位活得如此充盈且完整的智者讲授一堂堂人生的哲理课。

莫里教授每周二讲述的这些触动人心的人生课皆源于真实生活，囊括了如何避免生命中的遗憾，以及家庭的价值、宽恕的重要性和死亡的意义等。其中有这么一句掷地有声的话："学会如何面对死亡，也就学会了如何生活。"这本美妙的小书会提醒你，无论生活多么忙碌，珍惜日常生活中的幸福、拥有享受生活中最简单的快乐的智慧有多么重要。这些曾经鼓舞和感动过我的书籍将成为我留给两个孩子的宝贵财富，而《相约星期二》将成为这个宝库中首屈一指的作品。

37

掌控自己的时间

很多人口口声声说愿意付出一切代价以换取每天多一点点光阴，可仍旧大肆挥霍自己已有的时间，对此我感到颇为讽刺。时间对所有人都一视同仁。每个人的一天都是 24 小时。生活充实的人和碌碌无为的人之间的区别在于如何用好这 24 小时。

我们大多数人挥霍生活，仿佛自己有花不完的时间去采取一切必需的行动，实现充实而有意义的生活。因此，我们忙于应付日常生活中层出不穷的紧急事件，却拖延梦想，搁置对梦想的追求。这无疑会令你悔恨终生。小说家保罗·鲍尔斯（Paul Bowles）曾经写道：

……我们不知道自己何时离世，因此就把生命视作一口取之不尽用之不竭的井。然而生

> 活中的一切经历都是有限的，甚至委实可以说是屈指可数的。你记得多少个回味隽永的童年午后？也许是四五个，也许还没有那么多。你还会看到多少次满月升起？也许是二十次。然而，这样的机会看起来却像是无穷无尽的。

致力于更有效的时间管理。培养一种对时间重要性的敏锐意识。不要让他人浪费自己宝贵的时间，只把时间花在那些真正有价值的活动上。

38

保持冷静

亚里士多德曾告诫人们："任何人都会生气——生气很容易。但是在正确的时间，为了正确的目的，以正确的方式、正确的程度对正确的人生气，这并非易事。"在充满压力的生活中，我们很容易被一些小事激怒，丧失冷静。当结束又一个疲惫的工作日赶着下班回家时，我们可能会对前面慢慢吞吞、优哉游哉的司机大吼大叫。当在杂货店购物，寻找今天晚餐千层面的配料时，我们可能会因为店员将自己引导至错误的货架区而火冒三丈。在吃晚饭时接到推销最新产品的营销电话时，我们可能会对电话营销人员大声咆哮。

每天发脾气的问题在于它会变成一种习惯。而且像大多数习惯一样，总有一天它会变成一个人的第二天性。于是，人际关系开始瓦解，商业伙伴关系逐渐分崩离析，你的信誉也会受损，因为众人皆知你是一个"一点就着的火药桶”。而高效人士是始终如一的，且在很多方面是可预料的。艰难时期需要冷静的人，这样的人在压力下总能保持冷静、沉着。在危机时刻保持冷静可以让你避免遭受经年累月的痛苦与苦恼。在怒不可遏的一分钟里说出的伤人话常常导致许多友谊走向破裂。说出的话就像放出的箭：一旦放出就无法收回。因此，说话要三思。

控制脾气的一个小妙招就是在回应激怒你的人之前先数到 100。还有一个方法就是我所谓的“过三关”。古代的圣贤在开口说话前要“过三关”。在第一关，他们会扪心自问：这些话是真的吗？如果是真的，接下来便到了第二关。在第二关，圣贤们会问：这些话有必要吗？如果有必要，他们才会继续到第三关。在第三关，他们会问：这些话是善意的吗？如果这三个问题的答案都是肯定的，这些话才会从他们嘴里说出来，向世人传达。“以他人本该有的样子待之，并帮助他们成为他们能够成为的人。”德国诗人歌德如是说。这是生活的智慧箴言。

39

招募董事会

企业为了在这个瞬息万变的时代取得成功，往往会招募董事会来帮助他们做出更有效的决策，在暴风骤雨之中为他们指引正确的方向。通过咨询这些智囊团，企业减少了错误，提高了效率，增强了自己在市场上的可信度。我有一个客户召集董事会的方式与众不同。这个客户是一位经验丰富的企业家，也是我每月定期在全国范围内开展的人生指导项目的参与者。她告诉我，她会留出时间坐在房间里静静沉思，拿着笔和便笺簿，写下自己面临的问题。这些问题有时涉及一段触礁的关系，有时是金钱问题，有时则是个人内在精神的问题。

完全放松下来的时候，她就会召集私人董事会来帮助自己解决问题。不过让人意外的是，她的这些董事会成员都已经不在人世了。她凭借着想象，从历史上许多最伟大的思想家身上寻求锦囊妙计。当面对一个需要创造性解决方案的问题时，她会请教意大利画家列奥纳多·达·芬奇（Leonardo da Vinci）："你会如何处理这个问题？"当面对一个需要她鼓起勇气面对的挑战时，她会请教航空先驱阿梅莉亚·埃尔哈特（Amelia Earhart）："这种情况下你会怎么做？"当涉及金钱问题时，她会请教以常识丰富著称的已故亿万富翁山姆·沃尔顿（Sam Walton）："山姆，你会如何处理这个问题？"这个技巧确实为她创造了奇迹，提高了她的创造性思维能力，让她在动荡时期也能保持内心平和。

你会邀请谁加入你想象中的董事会？以下是我想要邀请的董事会成员：

- 本·富兰克林——向其寻求有关性格问题的指导
- 阿尔贝特·施韦泽（Albert Schweitzer）——提醒我为他人服务的重要性
- 圣雄甘地和纳尔逊·曼德拉——向他们寻求领导力方面的指导
- 李小龙——向其寻求自律方面的指导
- 玛丽·居里——向其寻求创新性方面的指导
- 鼎鼎有名的大屠杀幸存者维克多·弗兰克尔(Viktor Frankl)——向其寻求关于如何应对逆境的指导

40

抛开猴子思维

为了最大限度地从生活中获益，你必须时时刻刻都全情投入、全神贯注。正如阿尔贝·加缪（Albert Camus）所言："对未来真正的慷慨在于把一切都奉献给当下。"然而，在大多数日子里，我们总是一心多用、心不在焉。步行上班的时候，我们不去享受沿途的乐趣，满脑子装的反而都是待会到办公室老板会对我们说什么，午餐吃什么，或者孩子今天在学校表现如何。我们的思想就像蹦蹦跳跳的小狗，或者说像不受控的泼猴，上蹿下跳、四处蹦跶，一刻也不消停。

通过提升当下意识和注意力，你不仅会在生活中体会到更平静的感受，还会充分释放出自己大脑的潜力。当太多的干扰分散你的注意力时，思维的力量就会涣散，无法像激光束那样聚焦。不过，所幸你可以在相对较短的时间内通过锻炼强化自己对于当下的关注并发展这项技能。

治愈猴子思维有个好办法,即我所谓的“专注阅读”技巧。每当你的思绪从书本飘到其他地方，开始做起白日梦或心生忧虑时，就在这一页的右手边空白处打一个钩。这个简单的举动会让你更清楚地意识到自己注意力不集中的问题，而且，既然意识是改变的第一步，那么这个举动也能帮助你培养那些能让你的思维更清晰、更理性的技能。

41

善于发问

中国有句颇具智慧的谚语：“好问的人，只做了五分钟的愚人；耻于发问的人，终生为愚人。”这让我想起了最近在报纸上看到的一则小广告，上面写着：“寻找 11 月 28 日星期六下午 4 点在（某某街道）的药店里出现的那位穿着棕色绒面革外套的美女。你在杂志区前面与我有过一面之缘。我很想见个面聊一聊。”登广告的人还留下了他的电话号码。命运给了他一次可能会遇见梦中情人的机会——他却浪费了这个机会。如今他为自己当时“没有问问”而懊悔不已，因此不得不借助报纸上的广告，迫切希望找到这位女士。

问的越多，得到的就越多，但要做到善于发问是需要练习的。成功是一场数字游戏。正如佛教圣贤所言：“每一次的正中靶心都是一百次失败的结果。”在接下来的几周里，锻炼你的“发问能力”——去你最喜欢的餐厅就餐时问问能不能换个更好的桌位，去当地的冰激凌店买冰激凌时问问能不能买一送一，或者在下一次乘飞机的时候问问能不能免费升舱。只要真诚地向他人表达诉求，你就会惊喜地发现自己在生活中将变得更加如鱼得水。记住，提出诉求的人至少能得到满足诉求的机会。而不提诉求的人连这样的机会都没有。我读过一本关于发问力量的好书，这本书的名字叫作《阿拉丁因素》（*The Aladdin Factor*），由我的朋友兼演讲行业的同事马克·维克多·汉森（Mark Victor Hansen）和自尊研究领域的专家杰克·坎菲尔德（Jack Canfield）合著。这本书中都是一些实用的思想和简单的技巧，同时不乏大量鼓舞人心的引语，比如萨默塞特·毛姆（Somerset Maugham）的这句名言："生活很奇妙：如果你只接受最好的，那么你通常就会得到最好的。"

42

在更高的层次上寻求工作的意义

我最喜欢的一本杂志是《快公司》(*Fast Company*)。它为看待新时代的职场提供了一个令人耳目一新的人性化视角。在最近一期的《快公司》杂志中，施乐帕克研究中心(Xerox PARC)专家约翰·西利·布朗(John Seely Brown)的一席话令我思绪万千:“如今，领导的工作不仅是赚钱，还要创造意义。”

过去，我们大多数人只要有一份能够养家糊口的工作就心满意足了。然而现在，我们对工作抱有更多的渴望。我们想要满足感，想要成长，想要快乐，想要创造性的挑战，还想要一份不仅为自己而活的感受。总之，我们期待通过工作去寻求意义。在工作中找到更高层次的意义的一个最佳方法就是使用创造性提问的技巧来帮助你发现自己的工作对周围世界的影响。问问自己诸如此类的问题，比如:谁将最终从我司提供的产品和服务中受益？抑或是，我每天的努力带来了什么不同？一旦这样做了，你就会开始注意到自己的工作为他人的生命所带来的影响。

例如，如果你是一名教师，那么不要将注意力放在职业中纷繁复杂的种种巨变上面，而是要记得每一天当你步入教室的时候，你都能够塑造年轻人的思想，与有荣焉。一个个孩子和家庭对你寄予厚望。如果你是一名财务顾问，那么请始终坚持这样一件事，即你的服务可以帮助人们早日退休、建造梦想中的家及实现梦想。如果你是一名保险专业人士，那么请记住，你要帮助人们打造生活的安全感，并为他们提供雪中送炭的服务。如果你是一名零售店售货员，那么请想想你的服务方便了多少人，想想你提供的产品如何为人们的生活增添欢乐。

关注你的工作所带来的价值和你所作出的贡献，你会发现自己的成就感更强了，动力也更足了。几乎没有什么比改变他人生活的渴望更能激发人的斗志了。这一点圣雄甘地明白，纳尔逊·曼德拉明白，特蕾莎修女也明白。我鼓励你简单地转变一下思维，这能为你的生活带来全新的快乐感受。

43

收藏英雄书籍

遇到读过我的书或听过我录音带的人，听见他们说：“学完你的资料后，我备受感动和鼓舞，又去买了十本生活励志类书籍，并且把它们都读完了。你知道吗？这一切让我脱胎换骨了。”几乎没有什么比这更让我开心的了。

我不仅撰写关于人生指导方面的书，还如饥似渴地学习这类书籍。前面曾提到，我花费大量时间搜寻大型书店的书架，寻觅能给予我启发和指导的新书珍宝。我也经常去旧书商店，在那里只花几美元就淘到了一些最具价值的藏书（在写这一段的时候，我桌上就摆着一本二手的马克斯韦尔·马尔茨（Maxwell Maltz）的经典著作《心理控制方法》(*Psycho – Cybernetics*)，上面还贴着 2.95 美元的价签。此外，桌上还有一本塞涅卡的《斯多葛派的信件》(*Letters from a Stoic*)。这是一件真正的无价之宝，我父亲花 1.95 美元买下了它。

几乎所有的阅读都能提升你的心智，但在这样一个忙碌的世界里我们有太多的事情要做，你必须有选择性地阅读。因此，我建议你花大量时间阅读梭罗所谓的“英雄书籍”，即那些包含“人类最高尚的思想记录”的书籍。让你的头脑沉浸于诸如爱比克泰德（Epictetus）和孔子这样的伟大哲学家的著作中，如饥似渴地汲取营养。研读像阿尔弗雷德·丁尼生（Alfred Lord Tennyson）、艾米莉·狄金森（Emily Dickinson）和约翰·济慈（John Keats）这样睿智的诗人所作的诗歌，以及列夫·托尔斯泰（Leo Tolstoy）、赫尔曼·黑塞（Hermann Hesse）和勃朗特三姐妹（Brontës）的小说。阅读圣雄甘地、阿尔伯特·爱因斯坦和特蕾莎修女的著作。每天哪怕只花几分钟时间接触这些作品，都会让你专注于生活的本质，并最终深刻地影响你的性格。在一次采访中，当被问及一生中最大的遗憾是什么时，脱口秀巨星拉里·金（Larry King）回答道：“我应该更充分地从伟大的书籍中汲取营养。”

这里列出了一些“英雄书籍”。这些书籍帮助我改变了自己的生活，给予我智慧和鼓舞，让我活得更从容、更完整。如果你读完以下所有的书，并践行书中的智慧，你就会发现自己的处境不知不觉间发生了很大的改观。

英雄书单

《斯多葛派的信件》，塞涅卡

《十字路口的圣经》，(*The Message of a Master*)，约翰·麦克唐纳（John McDonald）

《沉思录》，马可·奥勒留

《本杰明·富兰克林自传》

《成功大学》，奥格·曼狄诺

《信念的力量》(*The Magic of Believing*)，克劳德·布里斯托（Claude Bristol）

《悉达多》(*Siddhartha*)，赫尔曼·黑塞

《心理控制方法》，麦克斯威尔·马尔茨

《潜意识的力量》(*The Power of Your Subconscious Mind*)，约瑟夫·墨菲（Joseph Murphy）

《做你想做的人》，詹姆斯·爱伦

《心流》(*Flow*)，米哈里·契克森米哈赖（Mihaly Csikszentmihalyi）

《思考致富》(*Think and Grow Rich*)，拿破仑·希尔（Napoleon Hill）

《精彩生活》(Life Is Tremendous)，查理·特门德斯·琼斯（Charlie Tremendous Jones）

44

发挥你的才能

诺曼·卡森斯曾经指出："人生的悲剧不是死亡，而是人活着心却死了。"阿什利·蒙塔古（Ashley Montagu）同样也写道："人最深刻的个人失败在于自己本能够成为什么样的人和其实际成为什么样的人这二者之间的鸿沟。"纯粹的生存和真正的生活是有区别的。简单的度日和真正活得好截然不同。可悲的是，大多数人看不到自己身上的天赋，只能听天由命地在家中看着电视、刷着手机度过他们生命中最美好的年华。

我在演讲中经常援引以下这个古印度神话故事来提醒听众，我们身上蕴藏着大量潜力和能力等待被唤醒，只要我们允许，它们就能向世人展示。数千年前，人们认为地球上的每一个人都是神。但是由于人类滥用了这种无穷的力量，因此众神之首决定隐藏人类的神力，切断这种神力的一切来源，让所有人都找不到。

可问题是，这么一种神力能藏在哪儿呢？有一个人率先提议，可以把它深埋地底。众神之首回答道："不行，总有一天会有人掘地三尺找到它。"又有一个人提出："把神力藏在海底最深处怎么样？"众神之首回答道："不行，总有一天会有人潜到海底找到它。"第三个人插话道："那为什么不把它放到群山之巅呢？"众神之首又回答道："不行，我确信总有一天会有人爬上群山之巅找到它。"众神之首思索了一阵子，找到了解决方法："我会把这种人类所有的力量、潜能和意志的源泉注入地球上每一个人的心中，因为他们永远不会想到要到那里去找寻。"

我在与北美各地机构组织的员工共事的时候，也发现了同样的问题：太多的人宁愿花更多时间对付自己的短处，而不是发展自己的长处。将注意力都放在自己的缺点上，导致他们忽视了自己所拥有的天赋。我们的伟人先辈取得成功的背后靠的是一个简单的策略：了解自己。他们花时间认真思考自己的核心能力，即那些令他们与众不同的特殊品质，并且用他们的余生不断完善和发展这些品质。你看，我们都被赋予了一定的天赋。也许你只是没有花时间去发现自己的天赋是什么，然后去磨炼这些天赋，直至让自己达到才华横溢的水平。

你是否最大限度地发挥了自己的潜能？如果没有这么做，那么你不仅是在伤害自己，也是在伤害这个世界，以及这个世界上所有可能因你的独特天赋而受益的人。对此，拉斯金（Ruskin）说道："即便我们当中最弱小的人也有一种天赋，不管这种天赋看起来多么微不足道，它也是个人所独有的，而且如果善加利用也将成为给予整个种族的馈赠。"

45

亲近自然

我们生活在一个似乎充斥着无穷无尽的信息的时代。一份工作日版的《纽约时报》当中包含的信息比17世纪英格兰普通人一生中接触到的所有信息加起来还要多。这些年来，我发现花时间在自然环境中独处，能让我与天地相通，让我在这个匆忙的时代为自己的精神充满电。

在一周忙碌的演讲、签名售书和媒体活动之后，坐在树木繁茂的公园里聆听清风拂过树叶——这样简单的举动让我的内心洋溢着宁静与平和。于是，我捋清了事务的轻重缓急，不再被肩负的任务逼得喘不过气来，大脑也平静了下来。与自然交流也是释放创造力和激发创意的绝佳方式。牛顿在一棵苹果树下放松时提出了万有引力定律。同样地，瑞士设计师乔治·德·梅斯特拉尔（George de Mestral）也是在山中远足时，发现牛蒡的毛刺粘在自己的狗身上，由此发明了魔术贴。自然环境有助于抑制我们头脑中无休止的噪声，从而释放我们真正的聪明才智。

当你花时间享受大自然时，要全神贯注地观察周遭。研究一朵花的繁复，研究波光粼粼的溪流中涌动的波浪。脱掉鞋子，感受脚下的茵茵绿草。默默地感恩自己有幸享受大自然这一切的特殊馈赠。要知道，许多人没有你这样的福分。正如圣雄甘地所言：“当我欣赏日落奇观或明月之美时，我的灵魂会在对造物主的崇拜中舒展开来。”

46

利用通勤时间

如果你每天上班路上要花 30 分钟，一年就相当于在车上度过六周，每天八小时。鉴于这样一个事实，你真的还能将所有时间都花在盯着窗外做白日梦，听着车上广播播报种种负面新闻上面吗？

我认识的许多非常成功和开明的人都拥有一个共同的习惯：在车里听录音带。这让他们将开车时间转化为学习时间，将自己的座驾变成移动的大学。把汽车变成一所“车轮上的大学”将会成为你最有价值的一笔投资。聆听具有教育意义的录音带会让你一扫到岗上班的疲倦沮丧和垂头丧气，让通勤变得有趣，让你受到鼓舞、精神集中，并且对周围源源不断的机会保持警觉。

想要知道一个人是否全情投入地去改善生活，最好的方法就是问问他有没有使用车载收音机。真正做到有效生活的人很可能根本都没意识到这一点，因为他们开车的每一分钟都在听录音带。不知道有多少次，当我要钻进那些充分实现自我的成功人士的车后座时，发现一堆录音带像小山一样占据了座位。大多数新书，以及许多最优秀的励志节目和生活管理系统课程现在都可以通过录音来学习。就我个人而言，我尽量每个月至少听五盘新录音带，录音带内容包罗万象，包括最新的商业畅销书，以及关于时间管理、创造力、积极思考、身体健康和精神满足等主题的节目等。

47

新闻斋戒

负面消息总是大行其道。社会上更多的人会选择围观名人对簿公堂，而不是去看一本伟人传记。将最新发生的惨剧作为头条的报纸比报道最新科学突破的报纸更加畅销。这其中真正的问题是，阅读和观看负面新闻容易让人上瘾。我认识很多这样的人，他们以阅读不甚积极的新闻故事开启新的一天，又以追踪晚间新闻里最新的犯罪行为和事故丑闻结束这一天的生活。

我绝不反对看报纸或电视。事实上，我在许多报纸上找到了高质量的信息，并且这些年来也通过观看一些电视节目从中学到了许多智慧。我的观点很简单：有选择性地在新闻中寻找自己的精神食粮。以更加审慎的方式阅读报纸、观看电视。开始阅读晨报之前，你心里要有个目标——将报纸当作一种信息工具来为你服务，让你变得更加富有智慧，而不是将它当作打发时间的借口。

让自己摆脱“新闻成瘾”的一个最佳方法就是执行为期七天的新闻斋戒。发誓在接下来的一周里，不看报纸上任何一则负面新闻，也不要看电视上任何一则负面的新闻报道。坚持下来，你会发现两件事。第一，你不会错过太多的信息。你依然会从办公室同事的交谈和家人的交流中听到这一天中最重要的新闻。第二，你会感到更加平和、宁静。此外，你还会发现七天的新闻斋戒有另一个好处：它让你有更多的时间去做那些真正有助于提高你生活质量的事情。

48

认真设定目标

许多演说家和作家鼓励人们设定目标，但他们中大多数人除了告诉你“把目标白纸黑字写下来之后，神奇的事情就会发生”等诸如此类的话之外，从未解释过设定目标为什么是一个强有力的行为准则。在我看来，为生活的各个领域设定明确的目标之所以行之有效，背后有三个原因。首先，它能够帮助你在充斥着太多选择的复杂世界中找回焦点。在我们生活的这个时代，我们每时每刻都有太多的事情要应对。有太多的干扰企图分散我们的注意力。而目标能够帮助我们明确自己的愿望，这有助于我们专注于那些能助力我们达成所愿的活动。

设定明确的目标为你做出明智的选择提供了一个框架。如果你对自己的目标了然于胸，就能更轻而易举地挑选出那些有助于达成目标的活动。写下目标有助于明确自己的意图（实现愿景的第一步就是明确自己的愿景是什么）。正如小说家索尔·贝娄（Saul Bellow）所言：“一个清晰的计划能让你免受选择之苦。”又或是像作家格伦·布兰德（Glenn Bland）写到的：“目标和计划消除了生活中的烦恼。”如果设定了目标，那么你采取的行动都将基于自己的人生使命，而不是日常的情绪起伏。

设定目标之所以有效的第二个原因就是它让你对机会保持警觉。设定目标这一行事准则几乎像磁石一样吸引着你一门心思地寻找新的机会。只有把握住了这些机会，你才能开创自己渴望的个人生活、职业生活和精神生活。设定目标之所以有效的第三个原因是，明确的目标会让你将行动一以贯之。它们鼓舞着你采取行动去做重要的事，主动出击而不是等着机会找上门（这种情况极少发生）。选择能吸引和激励自己的目标是让自己更投入地生活、让自己每天都更精力充沛的一种最佳的方式。因此，要设定远大的目标。无论是物质上还是精神上，梦想有多大，取得的成就就有多大。又或者像广告天才大卫·奥格威（David Ogilvy）所说的：“不要短打。目标要瞄准棒球场之外，瞄准加入不朽者的行列。”

49

记住 21 法则

正如我在《卖掉法拉利的高僧》一书中写到的，养成一个新习惯大约需要 21 天。然而，大多数人在经历最初几日的压力和痛苦之后，就放弃了创造积极的生活变化的行动，这种压力和痛苦却又是养成新的行为习惯的必经之路。新习惯犹如一双新鞋：刚开始穿的几天总会令人感到不舒适。不过，与之磨合大约三周，它们就会变得服服帖帖。

我们人类天生倾向于维持平衡，抵制改变。这种情况被称为体内稳态，是随着时间的推移自然演化而来的，是让我们的祖先能够在不断变化的环境中生存下来的一种手段。可问题是，即使在存在更有利的可能性的情况下，这种机制也还是使人类尽可能地去维持现状。这也解释了为什么我们很难养成新习惯并克服向更高层次的生活进军的阻力。

然而，正如火箭在发射后的最初几分钟内使用的燃料要比接下来飞行 50 多万英里的几日内使用的燃料还要多一样，一旦熬过了最初的 21 天，你就会发现保持新习惯比你想象的要容易得多。花时间研究自己的个人习惯，并承诺做出必要的改变。你的生活质量将在很大程度上取决于自己的习惯。约翰·德莱顿（John Dryden）曾说过："我们先是塑造习惯，然后习惯反过来塑造我们。"弗吉尼亚·伍尔夫（Virginia Woolf）则写道："习惯的骨架独立支撑起了人的身体。"所以要确保习惯成为你前进的动力而不是阻力。用普布里乌斯·西鲁斯（Publilius Syrus）永恒不朽的至理名言来说就是："习惯的帝国确实力量强大。"

50

学会原谅

与其说原谅伤害过你的人是一种无私的行为，倒不如说它其实是一种自私的行为。放下你内心暗涌的敌意和仇恨实际上不仅是造福他人，更是造福自己。正如我在人生指导项目中教导学员的那样，当你对某个人怀恨在心时,就好像把这个人的重量压在自己身上负重前行。这个人会耗尽你的精力、热情和内心的平和。一旦原谅了他，你就卸下了这份重担，得以在人生的道路上继续前行。

马克·吐温曾写道:“宽恕是紫罗兰在将它踩碎的鞋后跟上留下的芳香。”宽恕是一种体现精神境界和个人勇气的伟大行为。它也是提高你生活质量的最佳方式之一。我发现，多花一分钟纠结于那些伤害过你的人，就少了一分钟去追求真正有价值的事情，如吸引那些会帮助你的人。

51

饮用鲜榨果汁

你所摄入的食物会影响你的情绪和思维的清晰度。这就是古代圣贤采取清淡饮食的原因。他们知道，多余的东西会扰乱他们来之不易的极致平和，扰乱他们对生命真谛的思考。

如果你拥有一辆昂贵的一级方程式赛车，你就会想用优质汽油给它加油，因为其他劣质汽油会降低它的性能。那为什么不往自己的身体里注入最优质的食物呢？毕竟这是比汽车更有价值的一种工具。大量摄入不当的食物会让你精力不济，影响健康，妨碍大脑发挥其最大的效能。意识到每一顿油腻的午餐都会相应地削弱你的动力和效率，这是养成更加自律的饮食习惯的第一步。

我可以和你分享让自己更加精力充沛、情绪高涨的最佳方式之一，那就是养成每天饮用鲜榨果汁的习惯。在我们家厨房的操作台上放置着我的一个宝贝：榨汁机。这台榨汁机不仅延长了我的生命，也为我的生活注入了活力。入手一台榨汁机，发现新鲜果汁对生命的滋润，可谓明智之举。你能用它制作出许多美味的果汁，而且一旦开始在每天清晨上班前喝一杯草莓苹果汁或橙子葡萄汁，你就会体会到那种妙不可言的美妙感受。关于榨汁这个话题，我了解到的最好的一本书是杰·考迪士（Jay Kordich）所著的《榨汁机有大能量》（*The Juiceman's Power of Juicing*）。光是考迪士在书中分享的那些食谱就足以值回书价。

52

创造清境

成功生活背后有一个永恒的真理，简而言之就是：你的思想塑造了你的世界。你在生活中所关注的事物会得到成长，你的所思所想会得到拓展，你为之执着的事情则会决定你的命运。生活是一个自我应验的预言——它总是让你求仁得仁。正如海伦·凯勒（Helen Keller）所言："没有一个悲观主义者发现过苍穹的奥秘，或是航行至未知的土地，或是为人类心灵开辟过一片崭新天地。"鉴于这个原则，要成为一个更快乐、内心更平和的人，第一步就是去管理思想、净化心灵。开启这一项心灵"大扫除"的工作有一个好办法，就是从提升个人生活环境的质量做起。

一次，我在旧金山的一次大型集会上发表演讲后，一位老妇人步履蹒跚地走到我面前，就像老人们常做的那样紧握住我的手，注视着我说道："夏玛先生，在刚刚过去的一个小时里，我聆听了你关于提升生活质量的洞见，深以为然。这么多年来我渐渐明白，我们生活的环境塑造了我们的情绪、思想和梦想。因此，我在自己的小屋的每个房间里,都摆放了一束鲜花。我并不富有，但这是我永远都不能没有的一种奢侈品。”这位女士明白，创造最优美的环境并不是一种浪费，而是一种投资。

仔细审视一下你所处的环境。你的思想是由你交往的人、你读过的书、你说的话和你日常的生活环境所塑造的。你在工作中是否时常和消极的人待在一起？如果是这样，他们最终也会让你变得消极和愤世嫉俗。你在家中会看暴力电视剧和毫无知识含量的视频吗？如果是这样，你的心绪也会变得焦躁不安。你的工作空间是否明亮多彩、激励人心？在接下来的几周里，请采取措施提升你的工作和生活环境。你很快就会发现自己在思考、感受和行动方面的改善。

53

林中漫步

花时间享受大自然永远不会错。在林中漫步尤为特别。你会感觉到脚步变轻盈，内心深处有一股宁静的热流涌遍全身，创造力蓬勃涌动。正如著名的意大利建筑师和画家列奥纳多·达·芬奇所言："透过眼睛的窗户，灵魂窥见了世界之美……谁会相信自然的小小一景能容纳宇宙浩瀚的图景呢？"

秋天是一年中我最喜欢的季节。树叶闪耀着属于这个季节的绚烂色彩，这样的时节最适合在林中长时间漫步。远离城市的喧嚣让我最珍视的那些价值观变得更为清晰，让我可以思考一些生活中更宏大的问题，这些问题在日常拥挤喧闹的生活中似乎永远都得不到解答。我可以在小溪旁驻足，在覆满苔藓的岩石上休憩，或是深吸一口林中的芬芳——只有在林中漫步的人才能真正体会其中的香甜。

当我离开这片自然的乐土时，犹如脱胎换骨般，整个人焕然一新。我变得更加机敏警觉、活力满满、生机勃勃。许多伟大的传统智慧都强调了定期在林中漫步的疗愈力量。这种为生活充电的有效方法总能带来令人欣喜的巨大效果。

54

找个教练

提高个人生活和职业生活的效率、让自己更上一层楼的一个有效办法是寻求导师指导。在工作和生活中获得成功就像是“由点成线”的过程。你需要做的就是找出别人成功的习惯、方法和策略，并通过复制他们的行动将这些点连起来。只要遵循他们的步骤和顺序，你一定也能收获同样的硕果。私人教练可以为你指明道路，在困境中给予你鼓励，让你在学习的路上少走一段时间的弯路。

生活中，我有幸遇到许多导师，他们教会了我高效生活的基本原则，并为处在人生每一个十字路口的我指引了正确的方向。我找到绝大部分好导师的方法，是借助我所掌握的语言中最强有力的一个问题，即向自己敬佩的人提出请求：“能不能请您帮帮我？”我接触的人当中没有一个人拒绝给予我有用的知识和经验。从那以后，许多导师成了我宝贵的朋友。没有他们，就没有我现在的生活。

教练的指导已成为一个完善的卓越个人能力与职业能力训练项目中最重要的元素之一。各行各业的人士都已将其视作生活中创造积极变化和长效结果的最佳方式之一。正如我在全国各城市每月开展的人生指导项目中的一名高管学员最近说的那样：“励志类的书籍帮助我明确了自己的梦想。参加你的私教项目教会了我如何实现这些梦想，同时也让我找回了生活中的平衡。”

55

迷你假期

虽然你不能每周都去度长假，但是肯定可以每周停下来喘息一下。关上办公室的门，暂时拒接所有电话，坐在椅子上放松一会儿——一个迷你假期由此开启。然后闭上眼睛，开始深呼吸。感到内心深处平静下来了，就开始想象自己正身处心仪的度假胜地。仿佛身临其境般遍览五光十色的景象，聆听周遭此起彼伏的声音，感受这个独特的圣地在你心中激起的情感涟漪。只消短短几分钟让精神得以喘息，你就能满血复活，迎接这一天接下来的任务。

在享受迷你假期时，我会想象自己踏过山间的草地。想象自己脚踩着被露珠亲吻的青草，欣赏着远处山峰覆盖着皑皑白雪的壮丽景象。好一幅诗情画意的景色！从遥远处传来了瀑布倾泻而下银瓶乍裂的巨响，我边听边想象着这漫山遍野的花朵嗅起来是何种别样的芬芳。

我们的大脑是极其强大的机器。不过，大脑的潜意识无法区分我们的想象和真实的场景。因此这个小技巧实际上是欺骗大脑的烟幕弹，让大脑以为我们是从日常事务中抽身短暂地休息一下，这能在我们体内激发出与真正的度假一样的诸多妙处。

56

成为志愿者

“我因为没有鞋子而哭泣，直到我看到了一个没有脚的人。”我从这句古老的波斯谚语中发现了许多智慧。我们很容易夸大自己的问题，而忽略了应该心怀感恩的种种恩赐。通过志愿服务将时间奉献给劣势群体是一种极佳的方法，它可以时常提醒你看到，自己的生活是多么的富足。

在给一家大型保险公司的销售团队做完关于领导力的主题演讲之后，一个男人走过来告诉我，他是该公司业绩最佳的员工之一。他说自己成功的一个原因，在于他有个习惯——每周花几小时帮助那些不如自己幸运的人。“看到别人没有的东西会让我意识到自己所拥有的一切美好的东西。它使我不再认为一切是理所当然的，更重要的是，它让我能够为真正需要我的人的生活带来改变。”

法国医生阿尔贝特·施韦泽曾说过:“我无法预测你的命运，但我知道一件事，在你们当中，只有那些寻求为他人服务并发现如何为他人服务的人才会获得快乐。”安妮·默洛·林德伯格（Anne Morrow Lindberg）曾写道:“人永远无法用感恩回馈别人；人只能在生活中其他地方‘投桃报李’。”志愿服务让你有机会帮助他人，回馈那些对你施以援手之人的善意。

57

找到你的六度分离

在约翰·格尔（John Guare）的电影《六度分离》（*Six Degrees of Separation*）当中，剧中人物欧易莎（Ouisa）在与女儿苔丝（Tess）的对话中有这么一段颇具洞见的话：

> 我在某本书上读到过，这个星球上的每个人与另一个人之间都只隔着六个人。这就是六度分离。我们和这个星球上任何一个人之间都是如此。你与美国总统、威尼斯的船夫等之间的距离,无一不是如此。找到这样的人。比如，我发现甲特别会安慰人，因此我们非常亲近。因为你要找到六个合适的人来建立联系呀。每个人都是一扇通往另一个世界的崭新大门，这

背后的思想颇为深刻。我和这世界上的任何一个人之间都只有六度分离。只不过，你必须找到那六个合适的人。

欧易莎所言不假。在这个世界上，你与我之间最多隔着六个人，这个观点非常深刻。她也一针见血地指出了这其中真正的挑战：找到六个合适的人，将你和你要结识的人联系起来。

生活中我会列出一个我所谓的“英雄名单”，里面包含了我在离开这个世界之前最想见到的一百个人。吸引力法则说我们关注什么，就会吸引什么进入我们的生活。因此，这个名单就是我与自己最钦佩的人建立联系的一个工具。六度分离法则不止一次地帮我找到一个又一个合适的人，穿针引线似的引导我找到了一直想见的那个人。这份名单上的许多人，包括名人、商界领袖和其他专业演讲者，似乎总能与我在机场相遇，或与我在同一场会议上发言，或与我在相同的地方吃午餐，这让我一直都感到颇为惊奇。列出自己心目中的英雄这一举动似乎强化了某种意识，帮助我在这些人近在咫尺的时候发现他们。

58

每天听点音乐

在《甜心先生》(*Jerry Maguire*)这部精彩的电影中有一幕场景令人难以忘怀。彼时汤姆·克鲁斯(Tom Cruise)饰演的努力上进的体育经纪人刚刚签下了最热门的一个足球选秀运动员。他兴高采烈地开车离开这名运动员的家，迫不及待地在车载收音机上搜索各个电台，寻找那种可以把音量开得很大并声嘶力竭地跟着吼唱的歌曲。终于他如愿以偿地找到了一首歌——汤姆·佩蒂(Tom Petty)的热门歌曲《自由落体》(*Free Falling*)。他开始引吭高歌，唱出自己的心声。

在对的时间听到对的歌曲，这样的时刻你还记得吗？那时候的你就像这个体育经纪人一样引吭高歌，肆无忌惮地手舞足蹈。在那样的时刻，你感觉自己生龙活虎，充满活力，感受到了真正的快乐。这一切都是因为你听到了恰到好处的旋律。对你而言，音乐就是有这样神奇的效果。音乐可以点亮你的心情，为你带来笑容，并极大地提高你的生活质量。

认认真真地去聆听那些能鼓舞、激励你的音乐。收集你最喜欢的作品，每一天都播放一些让自己心情愉悦的音乐。对我而言，有些情绪需要一段舒缓的古典音乐或柔和的爵士乐来抚慰。例如，写新书时，我常常会听约翰·巴哈贝尔（Johann Pachelbel）的《D 大调卡农》（*Canon in D*）或爵士乐传奇人物查特·贝克（Chet Baker）的《午夜旋律》（*Round Midnight*）选集。如果你参加过我的培训班，你可能会听出来在我走上台之前播放的那些音乐会更加斗志昂扬。即使是在旅途中，我也会携带随身听，在飞机上听一些鼓舞人心的音乐，比如《勇敢的心》（*Braveheart*）和《绝命海拔》等电影的配乐。每天聆听哪怕几分钟的音乐，都不失为一种简单而尤为有效的管理情绪和保持最佳状态的方式。

59

写一份遗嘱

有人曾对我说，人生的前五十年要努力让自己获得认可，而后五十年要争取让自己流芳千古。多么真实的人生写照！我们许多人前半生都在拼命追求成就，努力赢得别人的尊重。无论这种认可是以声望、名誉还是物质财富的形式出现，一旦获得了这种认可，我们很快就会意识到似乎少了些什么。于是，我们就会用余生的时间去做自己从一开始就应该做的事情：积累遗产。

一天，我父亲在冰箱门上贴了一首诗。它是从梵语翻译过来的，只有寥寥数字："春天已远走，夏天已逝去，冬天已来临。我每日都在改弦更张，却仍未唱出心中的那首歌谣。"写下这些文字的人，内心充满了虚度人生的遗憾。这个人没有唱响自己人生的颂歌，而是将日子都花在等待、准备上，想等到万事俱备的那一刻再行动——用他的话说，即总是在"改弦更张"。可悲的是，那一刻永远没有到来。

从今天开始积累你的遗产，不要等到十年后“有更多时间”的那一刻再去做，因为我们都知道那一刻永远不会到来。认真思索你想要在生活中有什么样的建树，更重要的是，认真思索你离开的时候想留给这个世界什么样的礼物。伟大源于开创流芳千古的成就。为了让自己对个人遗产有更明确的认识,我撰写了一份个人遗嘱。虽然与我共事的许多公司高管都会有各自的个人使命宣言，但是他们当中很少有人想过要拟一份个人遗嘱。前者定义了你活着想要创造什么样的愿景，而后者阐述了你死后想要留下什么。这两者是有区别的。认真思考以上问题能够让你避免在走到生命尽头的时候因种种未曾实现的可能而感到懊悔、悲伤和大失所望。

60

找到三位挚友

培养深厚的友谊是帮助你在生活中发现更多幸福和快乐的最可靠的一种方法。最近的研究表明，那些有着广泛朋友圈和家庭关系的人寿命更长，笑容更多，担忧也更少。然而友谊就如同生活中其他一切美好的事物一样，需要时间、精力和承诺的灌溉。话虽如此，但鲜少有什么东西能像友谊那样带来如此丰厚的回报。正如许多世纪前一位哲学家写到的："世界上没有什么比友谊更有价值。那些把友情驱逐出自己生活的人，就像把太阳从地球身边赶走一样，因为在大自然给予的所有礼物当中，它是最美丽和最令人愉悦的。"

在我成长的过程中，父亲常说，若有知己三人，堪称富有之人。这则金玉良言我一直难以忘怀，希望你也能铭记于心。为了建立更深厚的友谊，你必须走出自己的舒适区，与不太熟识的人打破僵局，并传递真诚与温暖。你若播下友谊的种子，就一定会收获很多好朋友。在鸡尾酒会上，鼓起勇气走上前去向你想要进一步结识的人介绍你自己。每个人内心深处都有爱的需求，如果你采取了主动，那么大多数人会因此而欣喜。如果他们不予回应，那又怎样？不要将其视作拒绝，而是把它视作对方的损失，礼貌地走向下一个能借由与你交往而受益的人。

不久前，我母亲的车在去办事的路上爆胎了。于是母亲询问一个正在家门前草坪浇水的陌生人，看她是否介意自己先将车泊在他们家的车道上，然后再步行至附近的加油站寻求帮助。那个女人说没关系，于是母亲就离开了。母亲从加油站返回，将漏气的轮胎修好之后，登门感谢主人的仗义相助。这位女主人反过来邀请我母亲进门喝杯茶。在随后一个小时的交流中，她们发现两人是在同一个镇上长大的，上的是同一所学校，还有许多共同的朋友。仅仅是因为我母亲主动去结交新朋友，就催生出了这样一段伟大的友谊。

61

阅读《创意，是一笔灵魂交易》

人是具有创造力的生物。第一次在自己最喜欢的书店的书架上看到《创意，是一笔灵魂交易》（*The Artist's Way*）这本书时，我还在从事法律工作，当时我并没有翻开这本书。那时候我以为这是写给“艺术家们”看的书，对我无甚益处。然而，随着时间的推移，我逐渐意识到我们每个人内心深处都涌动着几乎取之不尽用之不竭的创造力的源泉。无论是律师、家庭主妇、教师、企业高管、诗人还是音乐家，我们每个人都需要在日常生活中运用这种创造力，实现充实的人生。意识到作为一名律师的我同时也是一个具备创造力的人，这刷新了我的认知。

因此，我开始参加有关创造力的培训班。此外，我还进一步阅读了许多有关创造力这个主题的书籍，寻找各种表达创造力天性的方式，以改善我在个人领域、职业领域和精神领域的生活方式。这样的探索最终结出的硕果就是我撰写了自己的第一本书。

建议你也阅读一下《创意，是一笔灵魂交易》并依靠自律完成作者朱莉娅·卡梅伦（Julia Cameron）精心设计的每一个练习建议。释放自己的创造天性将会推动你更充分地发现自我,让你的每一天都变得更加充实。

62

学会冥想

法国数学家布莱士·帕斯卡（Blaise Pascal）曾写道："人类所有的痛苦都源于无法安静地坐在房间里独处。"将生活变得喧嚣忙碌，在这一点上我们已是驾轻就熟。我们在刺耳的广播声中醒来，穿衣服的同时电视里不停播报着新闻。我们开着车一路上听着实时交通广播去上班，然后在熙熙攘攘的办公室里度过接下来的八小时时光。当我们结束一天的工作回到家时，又在电视声、电话铃声和电脑嗡鸣声此起彼伏的嘈杂环境中投入夜晚的活动。帕斯卡所言不假：我们大多数的痛苦确实源于这样一个事实，即我们忽略了每天哪怕只是短暂地保持安静的重要性。

无法专注，就不可能过上充实、完整的人生。如果你缺乏专注于某项活动的定力，那么你将永远无法实现自己的目标，打造自己的梦想或享受生命的旅程。没有一个自律的大脑，你就会被鸡毛蒜皮的想法和烦恼纠缠，永远无法全身心地投入到更有意义的追求当中。没有高度的专注，你的大脑将反客为主，无法为你所用。

从学会冥想的那一天起，我的生活就发生了改变。冥想不是为山巅打坐的高僧而设的某种新时代行为。相反，冥想是全世界最有智慧人们发明的一种古老的技巧，旨在完全掌控大脑，并借此展现大脑在追求有价值的事情方面的巨大潜力。冥想是一种训练大脑按照其本该有的方式运作的方法。它的关键益处在于：每天冥想 20 分钟带来的内心平和与安宁，将给你一天中余下的时光带来全方位的影响。你会在人际关系中更加有耐心，在办公室里更加心平气和，在独处时更加快乐。冥想会让你成为更好的父母、更好的生活伴侣、更好的职场人士和更好的朋友。你无法不去探寻这个有着五千年历史的思维训练方法能有多么巨大的能量。

63

办一场生前葬礼

我在研究《卖掉法拉利的高僧》的写作素材时，读到过一个印度王公的故事。这位王公有一个奇怪的晨起仪式，每天一醒来，他会用音乐和鲜花来庆祝自己的葬礼，口中一直高呼："我活得充实，我活得充实，我活得充实。"

第一次读到这个故事的时候，我无法理解这个仪式用意何在。因此，我向父亲寻求指导。父亲的回答是："儿子，这位王公所做的是将他生命中的每一天都与死亡联系起来，这样他就能把每一天都当作最后一天来过。这个仪式颇具智慧，这提醒着他时间像流沙从手中溜走，美好生活不要等到明天，而是要从今天就开始。"一个人对于死亡的认知是智慧的源泉。

柏拉图临终时，一位朋友让他总结自己的著作《对话录》（*The Dialogues*）中的精髓。他深思熟虑之后给出了寥寥数语的回答："练习死亡。"古代思想家有几句话与柏拉图的观点有着异曲同工之妙："死亡对于年轻人而言应当是近在咫尺的，正如同死亡对于老人而言近在咫尺一样。因此，我们应该过好每一天，将每一天都当作生命的最后一天，当作让我们的生活圆满、完整的一天。"办一场生前葬礼会让你重新认识到这样一个事实：时间是无价之宝，要过上更丰富、更有智慧、更充实的生活，最佳的时机就是现在。

64

停止抱怨，开始生活

不要再抱怨没有属于自己的时间，提前一个小时起床。既然能够选择，为什么不择善而从之呢？不要再抱怨最近事务繁忙没时间运动。如果你每晚睡 7 个小时，每天工作 8 个小时，每周依然有超过 63 小时的空闲时间去做所有你想做的事情。这相当于每月有 252 小时，每年有 3024 小时可用于追求自己的人生目标。古往今来，没有什么时刻能比这更令你热血沸腾，更能让你感受到生命的活力，而把握每一天给予你的无限可能性，选择权就握在你自己的手中。

如果你不像自己预期的那样充实、快乐、成功或平和，不要再将责任归咎于父母、经济环境或老板，而是要对自己的处境负起全部责任。这将是你塑造崭新人生观的第一步，也是改善生活方式的起点。正如萧伯纳所言："世上的成功人士都是如此——他们积极寻找自己渴望的环境，倘若找不到，就去创造这样的环境。”

更明智地选择进入自己大脑中的念头，选择对待每一天的态度，选择如何度过每一天的时光。停止抱怨，开始生活。用诗人拉迪亚德·吉卜林（Rudyard Kipling）的话说：“如果你能用60秒的跑步来填满痛苦煎熬的一分钟，你就可以拥有全世界，这个世界的一切都是属于你的。”

65

增加自我价值

在当前经济体系下，你得到的报酬并不取决于你努力的程度，而取决于你为周围的世界带来了多少价值。想一想：假设你目前的时薪为 20 美元，你得到这笔酬劳不仅是因为你在办公桌前坐了 60 分钟，而是因为你在这 60 分钟里创造了被认定为相当于 20 美元的价值。因此，你得到的金钱回报并不取决于你的工作时长，而取决于你所创造的价值。

这就是脑外科医生的工资比麦当劳员工的工资高得多的原因。脑外科医生为人更好吗？不一定。脑外科医生工作更努力吗？或许不是。脑外科医生更聪明吗？谁知道呢？但有一点是肯定的：脑外科医生积累了比麦当劳员工多得多的专业知识和独特技能。比起麦当劳员工，能从事脑外科医生这份工作的人要少得多，因此，市场认定脑外科医生的价值更胜一筹。这解释了为什么脑外科医生的工资是卖汉堡的员工工资的十倍。金钱成为每个人为世界创造了多少价值的象征。

因此，要想在工作中获得更多的报酬，就必须为这个世界创造更多的价值。为世界创造价值的最佳方式是让自己成为一个更有价值的人，学会别人不会的技能。读别人没读的书，思考别人没思考的问题。或者，换句话说，如果你还是保持一成不变，就无法拥有自己渴望的一切。要从生活中收获更多，那么你就需要在生活中付出更多。

66

成为更好的父母

养育孩子，就是养育后代。我们中很少有人接受过正式的育儿艺术的训练，大多数人在对待孩子的方式上只是沿袭了自己父母一辈的做法。我们不知道除此之外还有什么其他方式。

虽然为人父母是一种极大的快乐，但同时也是一种肩负重任的荣耀。虽然我愿意为我的两个孩子做任何事，但仅有这种意愿是不够的。我们需要培养作为优秀父母的技能。我们不能只是寄希望于自己抚养孩子的方式是正确的，并祈祷自己足够幸运，孩子长大后能成为有思想、有爱心、有智慧的人。我们必须主动出击，通过参加研讨会、阅读书籍和聆听这一领域专家的录音带来提高育儿能力。然后，我们还必须有勇气不断努力完善自己在人生的试炼场中学到的思想，以找到最适合自己家庭的育儿策略。

我知道你生活忙碌，要做的事情太多，可时间却太少。但是儿女孩提时那些充满奇迹的岁月一去不复返。如果你不投入时间和精力去尽力成为最好的父母，终有一天你会因为错失机会而抱憾万分。正如一位参加我在多伦多举办的培训班的父亲所言："儿子在成长过程中常常央求我背背他。虽然我知道他非常喜欢让我背着，但我总是太忙，没有时间和他一起玩。我有报告要读，有会议要参加，有电话要打。现在他长大离开了家，我才意识到一件事：我愿意付出一切代价，只为了能背一背那个小男孩。"

67

不走寻常路

卢梭曾写道：“不走寻常路，几乎总能让你斩获成功。”苹果电脑用精彩的广告启发我们要做到“非同凡想”。这就像我在领导力主题演讲中告诉听众的那样：“你要是随大流，最有可能的结局就是走到出口离场。”要过上更丰富、更有意义的生活，关键的一点就是你必须和自己赛跑。不要以牺牲自己与众不同的特性为代价，屈从于社会的压力。当你研究世界上最开明、最高效的人士的生活时，你会发现他们并不在乎别人对自己的看法。他们没有让公众舆论支配自己的行动，而是有勇气遵从自己的内心。选择人迹罕至的道路让他们收获了超乎想象的成功。

关于不走寻常路的重要性，克里斯托弗·莫利（Christopher Morley）有一句名言说得好：“每天读一些别人没读的东西，每天思考一些别人没有思考的问题。

思想上随波逐流是有害的。”也许爱默生最为一语中的，他曾说道：“在这个世界上，随波逐流地生活很容易；按照自己的想法，在孤独中生活也很容易；然而伟大的人总是身处闹市却依然十分愉悦地葆有独处的独立性。”

在接下来的一个月里，重新思考你做事的方式。不要随波逐流。要做于你而言正确的事情。有理有据地活得与众不同是一种智慧的生活方式。关于这一点，问问爱因斯坦、毕加索、伽利略或者贝多芬就知道了。

68

随身携带目标卡片

我经常看见那些办事高效、表现出色的人在钱包里随身携带一张小小的目标卡，每天静下来的时候就回顾一下。这张卡片简单地列出了他们的人生终极目标及实现这些目标的明确期限。重新认识到自己的首要任务——无论是在个人方面的任务，还是在职业方面或是精神方面的任务——这种方法是颇具智慧的。

蒙田（Montaigne）说过："人类伟大而光荣的成就就是活得有意义。"寥寥数语，就点破了生活的智慧。然而，我们大多数人的生活就像是一次漫长的防空演习，日子都被大量当下看起来似乎很重要、但对于人生全局而言无足轻重的活动占据了。正如我在《卖掉法拉利的高僧》一书中写到的，什么都想要做的人终将一事无成。拥有目标卡并且每天回顾这些目标三四次会让你专注于真正重要的事情。这将培养你的自制力，让你心无旁骛地专注于有助于实现目标的活动，同时给予你向其他事情说不的自制力。这样一来你就能找回生活的焦点。我向你保证，如果你一生只专注于最有价值的追求，最终一定能够收获真正的快乐。

69

做情绪的主人

生活中有很多时候，我觉得自己的思想就像脱缰的野马一般不受控制。它们不经意地闯入脑海,恣意而为。更糟糕的是，我以为这些思想就等同于我。所幸后来我发现这完全是无稽之谈。思想并不等同于我们。相反，我们是思想的主宰者。我们创造了头脑中涌动的思想，因此，我们也可以选择改变自己的思想。

这个看似显而易见的观点于我而言无疑是醍醐灌顶。我很快就对自己主动选择思考的内容，以及我们每个人每天清醒着的时候都要与自己展开的内心对话有了更清晰的意识。我开始密切关注自己思想的质量。意识到这一点是改变思想的第一步。在接下来几个月的时间里，我训练自己的大脑，让它只专注于积极的、给人带来鼓舞与启迪的思想。在这个过程中，我发现自己周遭的生活环境发生了变化。

你的思想并不等同于你，同样地，你的情绪也不等同于你。你是内心情绪的创造者，可以在顷刻之间改变自己的情绪。你如果选择这样做，就可以在紧张之际感到平静，在悲伤之际感到快乐，在疲惫不堪之际精神抖擞。

70

品简单之味

财富是身外之物，生不带来死不带去。搬家货车满载财物跟着灵车去葬礼现场的情形我从未见过。我们最终唯一能带走的，是那些有意义的对精彩人生体验的记忆。鉴于此，我宁愿花时间去做那些能给我留下快乐回忆的事情，而不是积集资财。

我发现，最美好的记忆往往源自生活中最简单的事情。譬如，女儿比安卡学会走路的那一天、儿子科尔比参与的第一场圣诞音乐会（当时他大部分时间都在向观众席上满脸自豪的父亲挥手，而不是按要求唱歌表演）、我们一家人在雨中踢足球的那一天，还有我们在金秋月圆之日烤热狗的那个夜晚。

戴尔·卡内基（Dale Carnegie）曾写道：“人性之中最可悲的一件事，就是我们所有人都拖延着不去生活。我们都梦想着天边有一座奇妙的玫瑰园，却不去欣赏今天就盛开在我们窗外的玫瑰花。”要拥有品简单之味的智慧。对人生而言，简单之味带来的美好回忆将比我们穷尽毕生精力追求的任何物质玩物更有价值。正如爱玛·戈德曼（Emma Goldman）所言：“我宁愿桌有玫瑰，也不愿颈绕钻石。”

71

停止谴责

正如前述的抱怨劣习一样，我们很容易养成谴责他人的劣习，甚至连我们挚爱的人也无法幸免。我们批评别人的饮食方式和说话方式，吹毛求疵，眼里只有鸡毛蒜皮的小事。然而，这么做只会放大某些问题。如果我们总是关注某个人身上的一个小缺点，这个缺点就会在我们的脑海中不断被放大，直到在我们眼中演变成这个人身上的一个大问题。

如果世界上每个人都像你这么想、这么做，你愿意活在那样的一个世界里吗？那样的世界该会多无趣。我们要明白，社会的丰富多彩源自它的多样性。无论是对国家、社会还是对彼此的关系而言，成就其伟大的，并不是我们的共同之处，而是我们之间独特的差异。与其在周围人身上找碴，为什么不试着去尊重彼此的差异呢？

我们常常在别人身上看到自己最亟须克服的弱点。所以，停止责备和谴责吧。对一切担负起充分责任，并下定决心在寻求改变他人之前先努力改变自己。这是衡量坚强人格的一条金科玉律。正如埃里卡·琼（Erica Jong）所言：“将生命掌握在自己手中会怎样？这会带来一个糟糕的结果——你无法再归咎于他人了。”

72

将每一天视作生命的最后一天

“日月如梭，宛如远方友人差来的使者，蒙头遮面，悄然不语。如果我们不利用他们带来的礼物，他们就会不声不响地带着礼物离开。”爱默生如是说。过日子，就是过生活。明日复明日，明日何其多——人们很容易陷入这样的思维误区。然而，精彩的生活只不过是由一个个精彩充实的日子串起来的光彩夺目的珍珠项链。每一天都很重要，每一天都影响着人生结局的质量。过去已是过眼云烟，未来只是空中楼阁，只有今天才真正属于你。因此，要以富于智慧的方式度过今天。

你的生活不是彩排，机会一去不复返。今天就立下誓言，以更加澎湃的热情投入生活，并以更加坚定的承诺拥抱接下来的每一天。许多人认为改变自己的生活需要经年累月的时间。恕我不敢苟同。当你暗下决心成为一个更优秀、更专心致志的人时，就已经改变了自己的生活。而你需要经年累月去做的，就是努力坚持践行这样的决定。在改变生活方面你能做的最明智的决定就是每一刻都要活得充实。正如高尔夫球传奇人物本·霍根（Ben Hogan）所言：“走在人生的球道上时，你必须学会享受沿途的风景，因为你只能打一轮。”

73

组建智囊团

在《思考致富》这部精彩的著作中，励志领域的先驱拿破仑·希尔建议读者，想要提高生活质量并得偿所愿，就要组建一个“智囊团”。他将智囊团定义为：两个及以上的人为了达成一个明确的目的，本着和谐的精神，在知识和努力方面协调配合。拿破仑·希尔还补充道：“因此，如果没有创造出一种与双方的思想都不尽相同的、无形的思想力量，二者的思想是绝对无法实现和谐共融的。”许多我亲自指导的成功人士及我在培训班遇到的学员都告诉我，在助力自己创造梦寐以求的职业生活和个人生活方面，他们采取的最佳举措就是组建自己的智囊团。通过这个举措，他们不仅发展了自己的人际交往支持网络，培养了伟大的友谊，还得以触及一些以往无法获得的专业知识和智慧积累，从中汲取营养。

为了组建你自己的智囊团，需要找到三四个人，这几个人必须是在某些方面你认可的学习榜样，并且要与团队的其他成员相处融洽。这个智囊团是互惠互利的，所以你渴望收获的同时必须同样懂得付出。与潜在的智囊团成员接洽，安排每周开一次会——最好是晨会，因为这能迫使每位成员展现出对团队的承诺。随着技术的进步，团队成员不再需要面对面开会，尽管偶尔见见面也很重要。可以借助电话会议、电子通信工具甚至传真来开会。在约定的时间，讨论你所面临的挑战并征求团队成员的意见。讨论那些屡试不爽的成功法则与生活经验，以及让生活更平衡、更充实、更平和的方法。智囊团不仅能让你在人生的竞技场上少走弯路，还能让你更乐在其中。

74

建立“日常行为准则”

我们很容易将生活当作秋风中的树叶，任由它在秋风的裹挟下左摇右摆。为了创造精彩的生活，你必须活得更有目标、更从容不迫、更激情澎湃，这样才能按照自己的方式生活，而不是仿效他人。然而，真正的挑战在于，我们有太多的事情要做，很容易因为不作为而被生活反制，眼睁睁地看着自己蹉跎岁月。不过，我有办法应对这个问题。

生活中，我创造出了我称之为“日常行为准则”的办法。它很简单，就是简单的三段文字，包含了我经过深思熟虑确定的价值观、品德和誓言，这是我实现充实的生活必须遵循的准则。例如，第一段中会包含这样的文字：“我发誓珍惜接下来这一天里的 24 小时，并明智而充分地利用每一分钟，因为这的的确确就是我所拥有的一切。在接下来的 24 小时里，我可以通过积极行动推进自己的人生计划并积累人生遗产。一整天中我都谨记：这可能是我人生的最后一日，没有一个伟人会让自己带着未酬的壮志离开这个世界。”除此之外，我还会在行为准则中概述自己最珍视的价值观和誓言，因为它们与我个人、家庭和周围的群体息息相关。

在前文提到的重返人生大本营的“黄金30分钟”里，即新的一天拉开序幕之时，我会阅读自己的“日常行为准则”，这能够提醒我人生中最重要的事情，让我重新认识到人生的终极任务，而不被日常琐事轻易地模糊了焦点，将其抛诸脑后。阅读“日常行为准则”之后，我顿感活力充沛，跃跃欲试地以更坚定的目标导向和专注力汇入世界的洪流。建立自己的“日常行为准则”，你也能收获同样的硕果。

75

想象一个更丰满的现实

阿尔贝·加缪曾写道："我身处隆冬，心中依然有个永不颓败的夏天。"不经历逆境中的压力与痛苦的洗礼，我们就无法发现自己实际上有多么强大与坚韧。这会让我们意识到，每个人都拥有足够的勇气和能力去面对生活中哪怕是最猝不及防的险境。

许多参加我组织的领导力培训班的学员在课后找到我，向我坦陈他们在生活中面临的种种挑战。有些人谈到，在这个动荡未卜的时代很难激励自己的员工。有些人谈到想要通过工作寻求更大的意义和成就感这种内心的渴望与需要。还有一些人向我寻求如何在个人生活中重新找到平衡的建议。我总是会先给他们这么一句劝告：要提升生活质量，首先必须提升自己的思想。或者正如俗话所说的："我们看到的世界并非世界本来的样子，而是我们自己的样子。"

人类最大的天赋是以一种更开明和更强大的方式重新构建、诠释困境的能力。这一点，狗做不到，猫做不到，猴子也做不到。这是人类独享的天赋，也是人性的一部分。仅凭自己的主观臆断怨天尤人只不过是为自己开脱。处理任何问题时，无论陷于何种处境，我们都必须有勇气为之担负起一定程度的责任，同时要认识到自己有能力将挫折化为优势。生活中最大的挫折往往孕育着最极致的幸福。

76

成为自己人生的首席执行官

“未来掌握在自己手中”，这是一句很棒的心咒。我最近在一份报纸中读到，足足有 10% 的人将宝押在彩票上，寄希望于通过中彩票为自己退休养老筹措资金。太多的人将未来的选择权拱手相让，导致未来扑朔迷离。这让我想起了哥哥儿时的一个习惯。眼看着玻璃杯即将从台面坠下时，他不赶紧去接住杯子，而是双手掩耳，因为这样就听不见玻璃杯打碎的声音了。（他长大后进入哈佛深造，成了一名眼科医生，因此这个与众不同的习惯似乎并没有给他造成太大的影响。）

然而，这则轶事揭示了一个简单的智慧：我们需要对现实生活保持耳聪目明。如果我们不对生活采取主动态度，不采取行动，就会被生活反制，被迫接受自己可能不想要的结果。这是几千年来支配着人类的一项自然法则。为了在未来的几周内变得更加积极主动，你要开始将自己视作命运和生活的首席执行官。所有卓有成效的首席执行官都明白“未来掌握在自己手中”，并将自己作为点燃梦想的催化剂。同样地，如果想要达成愿望，不要等着天上掉馅饼，而是要采取措施去实现它。如果你知道有人能帮助你解决问题或抓住机会，那么请拿起电话即刻致电。记住，要么选择寻找借口，要么选择寻求进步。

以前从事法律工作时，我会搭乘通勤列车，历时 45 分钟到达位于市中心摩天大楼里的办公室。我发现，每天都坐在我前面的那个男人就是“成为自己人生的首席执行官”这一原则的典范。这个人没有像列车上大多数人一样睡觉或做白日梦，而是下决心利用这 45 分钟进行锻炼。从他坐下的那一刻起，一直到我们抵达车站，他都一直一丝不苟地做着手臂伸展、头颈转圈等一系列锻炼，以强身健体。他没有与那些抱怨没有充足时间健身的人为伍，而是将解决问题的主动权掌握在了自己手中，抓住机会解决问题。当然，他看起来也许有点傻。但是当你知道自己在做对的事情时，又怎会在意旁人的看法呢？

将自己视为人生的首席执行官能为你的世界观带来翻天覆地的改变。你不再是人生的过客，而是成为人生的舵手。你不会放任自己在潮汐的无常中浮沉，而是引导一切朝着自己选择的方向前进。当你更好地掌控自己的人生时，再仔细品味一番威廉·詹姆斯的励志名言：“人类在现实面前展示出的共同本能归根结底都将世界当作了一个英雄主义的舞台。”

77

保持谦逊

我最敬重的一种品质是谦逊。在我成长的过程中，父亲教导我："最硕果累累的树总是弯腰贴向地面。"虽然也有一些例外，但从我的个人经验来看，此话不假——最见多识广的人、最成就斐然的人、活得最充实的人都将姿态放得很低。总而言之，他们很谦逊。

谦逊的人给人一种特别的感觉。保持谦逊表明你尊重他人，同时提醒你自己还有很多东西需要学习。这向你周围的人传递出一个信号，表明你愿意接受他们的知识馈赠，愿意倾听他们的观点。

我一生中有幸与众多名人谋面。其中最令我震撼的一次，是邂逅世界拳王穆罕默德·阿里。与在媒体上树立的自信张扬的形象截然不同的是，私下里的拳王阿里是真正的绅士，也是谦逊的典范。那一次有幸在洛杉矶与之谋面，他问我的问题比我问他的问题还多。他说话和声细语，令人如沐春风，淋漓尽致地展现了他的人格魅力。穆罕默德·阿里教会了我，越强大的人，越不需要向别人证明自己。

78

有选择性地阅读书籍

我们常常会觉得一本书一旦开始读了，就必须坚持读完。倘若没有读完那本用辛苦赚来的钱购买的书，我们心里就会充满强烈的负罪感。可并不是每本书都值得完整阅读。正如弗朗西斯·培根（Francis Bacon）所言："书有可浅尝者，有可吞食者，少数则须咀嚼消化。换言之，有只须读其部分者，有只须大体涉猎者，少数则须全读，读时须全神贯注、孜孜不倦。"

我曾经也觉得不把每本书从头到尾读完很有负罪感。然而我很快就发现，这不仅会造成待阅书籍堆积成山，还令我的阅读乐趣锐减。而下定决心更有选择性地完整阅读某些书籍之后，我发现自己不仅看完了更多书，而且从书中得到的收获也更多了。

如果你发现读完一本书的前三章之后，没有获得任何有价值的信息，或者这本书无法吸引你，那就行行好：把这本书放到一边，为自己的时间寻找更好的去处（比如在待阅书籍中找一本新书去阅读）。

79

不要对自己太苛刻

我们很容易浪费大量时间为过往的错误而自责。我们剖析失败的关系，苛责自己的一切过失；抑或是回顾那些让自己付出巨大代价的商业决策，悔不当初。从今往后再也不要对自己这么苛刻了。人非圣贤，孰能无过？只要不重蹈覆辙，并拥有从过去的经历中汲取经验教训的理智判断，你就能步入正轨。接受过去，继续前行。马克·吐温说得好：“我们应当谨慎，只从过往的经历中汲取智慧——仅此而已，以免自己像坐热炉盖上被烫过的猫一样。虽然绝不会再坐在热炉盖上——这挺好，但是连冷炉盖也不敢再坐了。”

认识到人非圣贤，孰能无过，以及犯错对成长和进步有多么重要，这对我们来说是一种解放。我们无须再苛求完美，而是以更加理智的方式看待生活。我们会开始活得如鱼得水，就像丛林中潺潺流过的山涧，强劲又不失优雅。最终，我们就可以心平气和地面对自己的本性了。

想要让自己变得更开明、更有智慧有一个好办法，就是在日志页面的左侧列出自己一生中犯过的十大错误。然后在页面右侧写下你从每次错误中收获了哪些相应的教训，以及那些所谓的失败实际上对你的生活有何裨益。你很快就会发现，倘若没有过去的错误，生活就不会如此丰富多彩。因此，对自己温柔一点，看清生活的本来面目：生活就是一条自我发现、个人成长和终身学习之路。

80

沉默是金

佛教僧侣擅用一种锻造意志力的策略，这个策略长久以来也为许多文化族群所用，旨在激发强大的内在力量和坚定的决心。这个策略就是沉默是金。保持安静，即使是短暂地保持安静，也能培养意志力和自制力，因为你通过遏制说话的冲动控制了自己的意志。

很多人说得太多。我们讲话常常不是切中要害、点到即止，而是啰啰唆唆。这本身就是一种缺乏自制力的体现。自制包括切中要害，同时做到言之有度以保存自己宝贵的精神能量。说话精确有分寸也是思路清晰和心态平和的一个标志。

要提升自制力，现在能派上用场的一个策略就是在接下来的七天里每天沉默一小时。在这段沉默的时间里，不发一言。或者如果你必须开口，那么就直截了当地回答问题，给出一个直截了当的清晰答案，而不是从昨晚的电视节目扯到今年夏天心仪的度假目的地，喋喋不休。保持沉默的举动可以是礼貌而温暖的。此举背后的目的是让你变得更强大，同时增强你的意志力，而不是成为你人际关系的绊脚石。只消几天，你就会感到控制力在内心蓬勃发展。其效果不言而喻。

81

电话铃响，别来者不拒

手机的存在是为了给你自己提供方便，而不是为给你打电话的人提供方便。然而，一听到电话铃响，我们就好像消防员奔赴火场一般火急火燎。我们飞奔过去接电话，就好像电话铃声一响没立刻接听是什么生死攸关的头等大事。我见过有人打断宁静的家宴、专门的阅读时间和冥想时间去接听那些看似十万火急的电话，然而很多这样的电话其实稍后再接也无妨。

语音邮件虽然并非十全十美，但在许多方面仍不失为现代生活的一大利器。它让你能够在方便的时候回复电话，这样你就可以随心所欲地做自己想做的事情。你无须再被铃声打断，可以把时间花在人生中更重要的追求上。

改变电话铃一响就来者不拒这样一个根深蒂固的习惯是很困难的，对此我有切身体会。我们一听电话响起就很想跑过去接，其实只是想知道这是谁打来的电话。通常，接电话只是逃避、拖延自己不愿意采取的行动的一种方式。然而，一旦你逐渐学会任凭电话铃轰炸依然能够专注于眼前的事情——无论是阅读一本好书，推心置腹地与伴侣交谈，还是与孩子嬉戏——你反倒会因为自己当初着急接电话的行为而感到不解。

82

记住，休闲亦“修闲”

结束了一天令人筋疲力尽的工作后，我们往往喜欢蜷缩在沙发上，花三四个小时看电视。然而事与愿违的是，你可能会和大多数人一样，在看了太久的电视之后，反倒比一开始坐下时感到更加疲劳。

休闲对于实现平衡的生活而言至关重要。然而，休闲必须具有修整重塑自我的作用。休闲必须要为你重新注入活力，让你精神焕发。它会赋予你更乐观的心态和更充沛蓬勃的能量。真正的休闲能够让你找回最好的自我，同时也能重新点燃你内心的火焰。正如柏拉图指出的：“我认为，所谓的好身体并不在于出色的身体状态提升了精神状态，相反，是精神本身的出色状态尽可能地提升了身体状态。”因此，有效的休闲必须包含一些能抚慰你灵魂的消遣。

83

选择有价值的对手

我最近读到这样一则消息：有些奥运会运动员结束比赛回国后，患上了心理学家称之为“奥运后抑郁症”（Post-Olympic Depression，POD）的疾病。在全球舞台的聚光灯下，历经多年训练终于从比赛中脱颖而出之后，有些运动员一旦回归日常生活，就陷入了抑郁状态，饱受这种疾病的折磨。似乎他们已经抵达成功的巅峰，没有了更高的目标，因而生活也失去了意义。阿波罗登月宇航员也遭遇了类似的经历。成功登月之后，他们意识到生活中几乎没有什么事情能与太空旅行所带来的兴奋相媲美，因而逐渐变得沮丧、低落。

为了保持健康的乐观心态和对生活的热情，你必须不断设定更高的目标。无论是职业目标还是个人目标，在实现了一个目标的同时，你必须迅速设定下一个目标。这种逐步设定更大、更吸引人的目标的过程我称之为“选择有价值的对手”。以前从事法律工作时，我将大量时间都用于在法庭上代表自己的委托人争取利益。回顾那些年在法庭上的唇枪舌剑，我发现在最强大的对手面前，我往往能呈现最出色的表现。那些才智过人、准备充分且尤为专注的诉讼律师迫使我在法官面前要切中要害、简洁有效地陈述自己的论点。最有价值的对手迫使我深入自己的内心，并做出前所未有的出色表现。

同样地，选择一系列稳定的、具有吸引力的目标将有助于你充分展现才能。记住，钻石的诞生源于稳定的压力。因此，确保目标对你而言是有价值的，确保这些目标是那种会迫使你深入自己内心且充分激发自我的挑战，能够帮助你在追寻目标的过程中得到成长。许多参与我在全国各地开展的私教课程的学员在我看来已然在职业生涯和个人生活领域都取得了成功。他们功成名就，享受自己的工作，个人生活也平衡而充实。然而，他们依然参与了我的培训项目，因为他们内心深知自己身上还蕴含着更多的可能，人生还有更丰富的宝藏等待他们去挖掘。他们明白,为了真正展现人类潜能并流芳千古，必须不断挑战更高的水平，让自己更上一层楼。这种精益求精的态度，也确实在生活中给他们带来了更为丰厚的馈赠。

84

减少睡眠时间

托马斯·爱迪生的生平故事颇值得我们玩味。他既是梦想家，又是冒险家，也是天才，同时还是一位擅用时间的杰出发明家。虽然只接受过六个月的正规学校教育，但他在八岁时就读过了诸如《罗马帝国衰亡史》（*The Decline and Fall of the Roman Empire*）之类的经典名著，30岁时又发明了可以捕捉、记录声音的留声机。托马斯·爱迪生擅长积极思考。他晚年几乎完全失聪，有人就问他为什么不发明助听器，托马斯·爱迪生回答道："在过去的24小时里，你耳朵里听到的东西当中有哪些是非听不可的？"他笑着继续说道："一个不得不大喊大叫的人永远不会说谎。"然而，最让我印象深刻的是，这个奇人在每天只睡四个小时的情况下还能取得如此大的成功，这种能力堪称罕见。"睡觉如同吃药。"他解释道，"过量会让人昏昏沉沉。这会浪费你的时间，令你萎靡不振、错失机会。"

我们大多数人的睡眠时间远超人体所需。我们告诉自己，必须至少在被窝里躺八个小时，才能保持最佳状态。我们无法想象少睡一点该如何度日，一想到这个就头皮发麻。然而，正如我在前面写到的，睡眠时长并不是最重要的，关键在于睡眠的质量和丰富程度。

你只需回想一下生活中那些顺风顺水的时刻。事业蒸蒸日上，人际关系如鱼得水，内心不断成长。此时的你精力充沛，时时刻刻都满怀热情。如果你和大多数人一样，那么你也会记得在这样的时刻，少睡一会儿也没关系。事实上，有太多触动你兴奋神经的事情，让你不想因为睡过头而浪费时间。现在再回想一下人生中受挫的那些时刻。工作让人筋疲力尽，快被周围人逼疯了，也没有属于自己的时间。这种时候，你可能比平时睡得更久。也许你周末会一觉睡到下午两点（在难熬的那段时间，我们经常以睡觉为借口逃避现实）。然而，你最终醒来的时候是什么感觉？你会感觉昏昏沉沉，精神不振，疲惫不堪。

因此，关键不在于睡眠的时长，而在于你给身体充了多少电。尽量减少躺在床上的时间，而是要拥有更丰富、更深度的睡眠。要明白，疲劳通常是由于做自己不喜欢的事情而产生的一种精神状态。记住亨利·沃兹沃思·朗费罗（Henry Wadsworth Longfellow）的智慧箴言：

> 伟人达到并保持着那样的高度，并非一步登天，而是他们在别人还在梦乡里的时候，在夜里默默耕耘。

85

享受家人团聚用餐的时光

在我成长的过程中，我那了不起的母亲为我们设立了许多很棒的家庭传统，其中一个传统就是每天全家齐聚吃一顿饭。无论多么忙碌，父亲、哥哥和我每天都要回家吃晚饭，这一点是责无旁贷的。我们会在餐桌前齐聚，分享即将结束的这一天都有什么经历。

父亲时常会在餐桌上挨个邀请我们分享自己学到了什么新东西。有时他会掏出藏在衬衫口袋里的剪报，让我们就这则新闻报道展开热烈讨论。家人每天齐聚用餐的特殊传统使我们的家庭联系更加亲密，也给我留下了许多幸福的回忆。现在成家之后，我延续了这个传统，也希望我的孩子们能继续传承这一传统。

家庭聚餐不一定非得是晚餐。我们生活在如此繁忙的时代，每个人都有忙不完的个人事务，孩子们要练习踢足球、上钢琴课和芭蕾舞课，因而傍晚可能很难安静地坐下来吃一顿饭。如果时间安排允许，可以将家庭聚餐设定为早餐或午餐，甚至可以是在一天结束时喝点牛奶、吃点饼干的夜宵时间。关键是你每天都要腾出时间和挚爱的人“共同进餐”，并坚持不懈地努力创造更丰富、更有意义的家庭生活。

86

硬着头皮上

研究表明，行为方式会影响思维方式。你如果大致效仿抑郁的人低头看着地面、无精打采地走路，最终也会开始感觉抑郁。反之，如果你绽放笑脸甚至开怀大笑，昂首挺胸站得笔直，即使一开始可能情绪低落，很快也会发现自己感觉好多了。

这告诉我们，可以“假戏真做，弄假成真”。换言之，你可以装作你是自己理想中的那种人。始终如一地效仿那些满腔热忱或真正自信的榜样，你终将拥有同样的个人品质。

“效仿榜样”这一技巧的巨大力量在斯坦福大学的一项研究中得到了证明。在这项研究中，一个由心理学家组成的团队将一组情绪稳定的大学生随机分成两组，置于模拟监狱的环境中。在实验中，要求第一组学生效仿狱警，第二组学生则要模仿囚犯的特点。最终被试组成员受到了实验的强烈影响，导致心理学家被迫在仅仅六天后就叫停了这次实验。效仿囚犯的受试者变得严重抑郁，歇斯底里并不时哭叫；而效仿狱警的受试者则表现得残忍无情且漠然。这项研究证实了，“效仿榜样”这一技巧是一种行之有效的方式，它能改变自我行为并重塑自我，让你成为理想中的自己。

87

学习公共演讲课程

作为一名专注于领导力、个人效能和人生励志领域的专业演讲者，我有幸在一些全球顶级专家担任主要嘉宾的节目中露脸，这些专家中不乏著名励志演说家博恩·崔西（Brian Tracy）、商学领域权威大咖约翰·科特（John Kotter）教授，以及包括演员克里斯托弗·里夫（Christopher Reeve）和音乐巨星珠儿（Jewel）在内的一些名人。我每年大约在 75 个大型会议上发表主题演讲，并向北美、加勒比海地区和亚洲的大量听众发表演讲。然而，鲜为人知的是，公共演讲曾是我人生中最大的恐惧。

在校求学期间的我逃避一切当众演讲的可能情况，只因害怕失败。如果老师让我给全班同学做口头报告或就某个主题发言，我总会找借口逃避。对公共演讲的恐惧影响了我的自信心，导致我的能力没有得到充分发挥。

直到参加了戴尔卡内基协会组织的公共演讲课程之后，我才开始做出改变。当我蜕变之后，一个崭新的世界呈现在我面前。

从那以后，我发现这种恐惧并非我一人独有。据报道，大多数人恐惧当众演讲，更甚于恐惧死亡。向一大群听众发言让我们脱离自己习惯的生活安全圈，并迫使我们去面对一种完全陌生的体验。不过，有两件事可以极大减轻你对公共演讲的恐惧（以及其他任何恐惧），即：准备和练习。参加公共演讲课程能帮助你为当众演讲做好准备并为你提供一个当众练习的常规舞台，这样你很快就能够面对并战胜这种恐惧。

88

摒弃狭隘思维

英国政治家本杰明·迪斯累里（Benjamin Disraeli）曾说过："用伟大的思想滋养你的头脑，因为你永远无法抵达超越思维的高度。"这句话颇有深意，个中道理再清楚不过：阻碍你在人生道路上不断前行的，并不是你的现状，而是你对自己的种种设限。阻碍你得偿所愿的，是你内心的想法。一旦你幡然醒悟并开始摆脱头脑中的种种思维限制，你几乎会立竿见影地看到个人境遇随之发生了转变。

在励志培训班上，我告诉台下的听众："不追求自己的梦想，就是在变本加厉地为自己设限。"我的哥哥是一名国际知名的眼科医生，他曾经告诉我一种叫作弱视的医学疾病，患这种疾病的小孩要用单眼罩遮盖健康的那只眼睛。当单眼罩被移除后，那只健康眼的视力也会变差。遮住眼睛会阻碍眼睛的发育，甚至导致失明。

我们中有许多人也有类似的困扰。我们戴着眼罩生活，不敢追求更大的梦想，害怕做自己恐惧的事情。而结果总是如出一辙：我们就像弱视儿童一样，终将失去广阔的视野，画地为牢度过余生。

太多的人将自己困在狭小的人生格局里。我们中有太多的人 20 岁就死了，80 岁才入土。记住，一个勇往直前的人是势不可挡的。大多数人并没有真正遭遇失败，他们只是放弃了努力尝试。而大多数阻碍你实现梦想的限制都只是自我设限罢了。因此，你要摆脱“狭隘思维”的枷锁，做出改变，鼓起勇气追求更大的梦想，拒绝失败。正如塞涅卡所言：“不是因为困难重重，我们才心生畏惧；而是因为我们心生畏惧，所以才困难重重。”

89

无须因无法改变之事烦恼

每当遇到人生中的挑战时，我就会翻开莱茵霍尔德·尼布尔（Reinhold Niebuhr）的《宁静祷文》（*The Serenity Prayer*）："上帝，求您施恩，赐我宁静，接受不能改变的；赐我勇气，改变应当被改变的；赐我智慧，分清这二者。"

一位企业高管在完成了我在领导力培训项目中提供的一个练习之后发现，自己 54% 的烦恼是杞人忧天；26% 的烦恼木已成舟，无法改变；8% 的烦恼源自他人无足轻重的看法；4% 的烦恼涉及个人健康问题，但已解决；只有 6% 的烦恼涉及真正值得关注的问题。通过辨别烦恼，然后放下那些自己无能为力或者完全是浪费精力的烦恼，这个人化解了 94% 的困扰。

90

学会散步

大约十年前，我曾收到父亲寄来的一个包裹。里面是一本被翻烂了的旧书，封面内页写着这样的文字："亲爱的罗宾，不久前，我在一家二手书店买到了这本书。虽然这本书的价格极低，它本身的价值却是巨大的。我很喜欢读这本书，希望你也会喜欢。爱你的，爸爸。"

这本书叫作《充实人生》（*Getting the Most Out of Life*），出版于1946年，也是我人生智慧和励志自助类藏书中的一个瑰宝。这本书囊括了一系列关于改善生活这一主题的丰富内容，包含"起床开始生活！""长寿之道""如何过好一天24个小时"等内容。多年来，我时常翻阅回顾，从书中提供的经验教训中收获了不少成长。这确实是一件无价之宝。

最近的一个雨天，我拿出这本书翻阅，目光停留在了标题为"如何散步"这一章上。在这一章中，作者艾伦·德沃（Alan Devoe）分享了关于如何散步收效最佳的个人见解。他建议，首先散步不应该抱有特定的目的。不要设定目的地，纯粹沉浸于散步本身带来的美好感受中即可。其次，散步时必须抛下烦恼。把烦恼留在家里，因为倘若你不这样做，散步过后，这些烦恼只会变得愈发根深蒂固。最后，在散步过程中要充分调动自己的感官认知。训练自己达到视觉、听觉和嗅觉上的全神贯注。研究树叶的模样，看云卷云舒，品花香馥郁。艾伦·德沃给出了如下的总结："当一个人能有机会看一看、闻一闻这个世界，感受世界的脉搏，并与之独处的时候，就会发现这个世界终究也并不是那么难以忍受的。这种对世界的了解，这种重拾儿时神奇的快乐与惊喜的体验，正是散步的目的所在。"

91

重写人生故事

时间的一个妙处在于你不能寅吃卯粮。不管你过去浪费了多少时间，下一小时又会是完美无缺、齐齐整整的一小时，等待着你充分利用。不管过去如何，你的未来都是一张崭新的白纸。要知道，每一个黎明都伴随着开启全新生活的机会。如果你愿意，明天就可以是新的开始：早起，锻炼，多读书，好好吃饭，抛下烦恼。正如作家阿什莉·布里连特（Ashleigh Brilliant）所言："我可以选择在任何时刻开始努力成为自己梦想成为的那个人——可问题是我该选择从哪一刻开始呢？"

没有人能阻止你打开日志，在崭新的一页上重写你的人生故事。此刻，你可以决定要用什么方式展开自己的故事，改变故事主角的状态，创造一个崭新的结局。唯一的问题是，你会选择这样做吗？记住，成为你一直梦寐以求的那个人，永远都为时不晚。

92

栽一棵树

古老的东方哲学认为，要过上充实的生活必须做三件事：生个儿子，写一本书，栽一棵树。这种哲学思想认为，这么做将让你拥有三份超越生死、流芳千古的人生遗产。

虽然幸福完整的生活显然还囊括了其他更多的元素（我会把生个女儿也加到这份清单上），但栽一棵树无疑是一个绝妙的主意。看着一棵幼苗长成参天大树会让你感受到时间流逝的脉络与自然的循环更迭。伴随着这棵树发荣滋长，成为枝繁叶茂的参天大树，你也能在此过程中记录下个人的经历与成长。

如果你有孩子，也可以为他们栽一棵树。在他们茁壮成长的过程中，你可以在树干上刻下他们在不同年龄段的痕迹。这样，每棵树都成了不同生命阶段的鲜活记录。为家里的每个孩子栽一棵树是美妙而富有创意的爱意之举，将会给孩子留下绵绵无尽的回忆。

93

寻找静心一隅

每个人都需要一个庇护所或“静心一隅”，在那里寻求平静安宁。这个特别的地方将成为你在充斥着压力的世界当中的一处世外桃源。繁忙的日常事务让你在时间上捉襟见肘、疲于奔命、焦头烂额，在这种情况下，这里将会为你提供一片可以遮风避雨、停下喘息的天地。你的庇护所不必富丽堂皇。一间闲置的卧室或公寓里摆着鲜花的桌旁一隅就可以，甚至是你最心仪的公园里的一条木凳，也可以作为你的静心一隅。

觉得需要一些独处时间的时候，可以到那儿去，做一些在忙碌的生活中很容易被忽略掉的促进“内心成长”的活动。写写日志或者听听疗愈的古典音乐。闭上眼睛，想象自己理想中的一天。翻开母亲不厌其烦地推荐你阅读的那本书，或是一本饱含智慧的书籍，深入阅读。抑或是在半小时内什么事情都不做，借助独处的力量让自己焕然一新。

为自己挤出一点时间并不是自私之举。给自己充电，这让你能够为他人付出更多，做到更多，承担更多。挤出时间关爱自己的思想和精神，这将帮助你维持生活的平衡，永葆满腔热情和朝气蓬勃。正如弗伦（L. F. Phelan）所言："青春不是年华，而是心境。理想丢弃，青春心态不再，方堕暮年。岁月悠悠，衰微只及肌肤；热忱抛却，颓唐必至灵魂。你若怀疑、惶恐、绝望，就会衰老。保持信心，保持自信，保持希望，必将永葆青春。"

94

定格更多美好瞬间

每一段人生都有它的价值。因此，每一段人生都值得记录。经常会有朋友告诉我，最近度假时目睹了什么令人叹为观止的景象，自己的孩子在圣诞音乐会上做了什么有趣的事情，抑或是邂逅了哪位名人。“你拍下来了吗？”我问道，“我很想看看照片。”然而我得到的回答通常都是：“下次吧。我没时间买新胶卷。不过我可以跟你描述一下当时的情况。”

一张照片确实胜过千言万语。照片捕捉并记录下生活中最美好的记忆，尽管时间流逝，我们仍然能够重新回味这些美好的记忆。在我成长的过程中，父亲总是不断地给家人拍照。无论是家庭野餐、朋友小聚，还是我第一次开着他的车出去兜风的时候，他都会拍照。通常，当他让我们对着镜头微笑时，我会有点不耐烦，但还是会轻声央求他快点拍。“你不需要拍那么多照片，爸爸。”

当时我总会这么说，“拍那么多有什么用呢？”

如今，随着岁月悄悄流逝，我终于知道这些照片有什么用了。它们被装进了相册，成为生命历程的一部分。它们为我的孩子带来了无尽欢乐的时光，并为我们全家提供了一个很棒的方式去反思那些虽然简单但是对我们而言意义重大的事情。

定格更多美好瞬间。记录你人生中最美好的时光。收集那些定格人生经历的照片——可以是那些让你喜笑颜开或泪流满面的经历，也可以是那些让你对这个世界满怀感恩的经历。一定要在车里放个一次性相机，旅行时也要带两个。若干年后翻阅相册时，你可能会惊喜地发现这种感觉有多么美好。

95

做一个冒险家

老师们正征服群山，企业家们正乘坐热气球翱翔，奶奶们正冲过马拉松的终点，家庭主妇们正在学习空手道。生活越是一成不变，我们就越需要一些真正的冒险来调剂，让它变得更加充实。承担的职责越多，摆脱故步自封的枷锁，借由对新目标的勇敢追求放飞自己的心灵去翱翔就显得越发重要。

英国小说家赫伯特·乔治·威尔斯（H. G. Wells）曾写道：“人不能让时钟和日历蒙蔽了自己的双眼，要认清这样一个事实：生命中的每一刻都蕴含着奇迹与奥秘。”为了更深入地感知自己生命中的奇迹与奥秘，你要立誓重拾儿时的冒险精神。列出 12 项你认为会给自己平淡的日常生活注入更澎湃的激情和能量的追求，并在接下来的一年里每月完成一项。这是重塑你生活方式的一种卓有成效的方法。

96

减减压，再回家

在办公室度过紧张、高压的一天后，我们大多数人回到家时都会暴躁疲惫、精神萎靡。我们把最好的一面留给了同事和客户，但可悲的是，对于自己挚爱的伴侣、孩子和朋友，被掏空的我们却什么也给不了。我们仿佛刚从人生角斗场上结束战斗的角斗士一样，拖着疲惫的身躯走向自己最爱的安乐椅，要求家人让我们独处一会儿，直至自己平复过来。

在踏进家门前花十分钟减减压，这能帮助你在日常生活中避免这一幕的发生。我建议你不要一下班就驱车回家，急着进家门，而是把车停在车道上，独自在车里坐几分钟。利用这段时间放松一下，思索在接下来的几个小时里，你想和家人一起完成什么事情。提醒自己，你的伴侣和孩子多么需要你，如果你用心去做，可以制造出多少欢乐。为了进一步减压，你还可以在推开门和家人打招呼之前，到附近街区散散步，或者听一段你最喜欢的古典音乐。发挥创造力,利用好个人的减压时间，将其作为一个充电、让自己焕然一新的机会，这样当你推开门和家人打招呼的时候，出现在家人面前的就是他们期待见到的那个人。

97

尊重直觉

贵格会教徒说“内心有一种平静而微弱的声音”，这是内心的指南针，是个人智慧的源泉，我们却常常对其充耳不闻。当周遭世界颐指气使，迫使你屈从时，你通常很难以自己的步伐前进，听从自己的直觉。然而，要收获苦苦追寻的充实而丰富的人生，你就必须倾听这些雪中送炭的预感和感觉。

随着年龄的增长，我愈发尊重自己的本能和内心沉睡的直觉。无论是和陌生人初次见面留下的印象，还是在困难时期缓缓推动着我步入正轨的内心智慧，这些都逐渐对我的工作和生活方式产生了愈发重要的影响。似乎随着年岁增长，我们愈发能够信任自己的本能。

此外我还发现，当我“有目的地”生活时，即将时间都用在有助于推动自己在流芳千古的道路上前行的活动上时，本能的力量也变得日益强大。当你做正确的事、遵循天性去生活时，就能拥有以往不曾意识到的能力，完全释放自己真正的潜能。正如印度哲学家帕坦伽利（Patanjali）如下的生动描述：

> 当你受到某个伟大目标、非凡项目的鼓舞时，所有思想的樊篱都会被打破：你将超越思维的局限，拥有发散性的思维，你会发现自己身处一个崭新的、精彩奇妙的世界。沉睡的力量、感官和才能变得活跃起来，你发现自己成了一个比你梦想中更伟大的人。

98

收集励志语录

如果你读过《卖掉法拉利的高僧》或我的其他著作，你就会知道我喜欢援引全世界伟大思想家的名言语录。我从来不晓得自己为何对此情有独钟，直到有一天，一位导师在读了我的一份手稿之后说：“罗宾，你钟情于语录，背后的原因与我如出一辙，因为一条伟大的语录在短短的一行字里浓缩了丰富的智慧。”

在阅读过程中，我经常会遇到正中我下怀的语录，为我眼前面临的挑战指点迷津。导师的话一语中的。一句伟大的语录，其价值在于它饱含丰富的智慧，这样的智慧可能是作者历经多年酝酿最终凝结成寥寥数字的心血结晶。

在接下来的几周里，请开始收集并形成自己的语录库。它们能在你面临生活中出其不意的难题亟须即刻获取灵感或建议之际，始终如一地为你所用。我还有一个使用语录的小妙招，就是把它们贴在自己一整天都能看到的地方，譬如浴室的镜子上、冰箱门上、汽车仪表盘上和办公室的每个角落。这个简单的方法让我能够在繁忙之际保持专注，在困难之际保持积极，始终以真正意义上的成功原则为中心。我已经在个人电脑上收集了数百条伟大领袖、思想家、诗人和哲学家的语录，涉及的主题包括如何应对逆境、生命的意义、自我提升的价值、助人为乐的重要性、思想的力量及坚强人格养成的必要性等。

99

热爱你的工作

幸福长寿的一个永恒奥秘是热爱你的工作。纵观历史，对于那些活得最有满足感的人而言，贯穿其生活的一条金科玉律就是，他们都热爱自己的工作。心理学家薇拉·约翰-斯坦纳（Vera John-Steiner）采访了100名创意人士，发现他们有一个共同点，那就是对工作饱含热情。将时间用于从事一些你认为有意义、有趣且在智力上具有挑战性的工作，会比任何水疗度假更能让你保持情绪高涨和全情投入的状态。托马斯·爱迪生一生中拥有1093项登记在册的专利，从留声机、白炽灯泡、麦克风到电影等不一而足。他在晚年对自己辉煌的职业生涯给出了这样的评价："我一生中从未做过一天的工作，一切都是乐在其中。"

当你热爱你的工作时，你会发现这辈子再也不需要工作了。工作将成为玩乐，你几乎觉察不到时间的流逝。

正如小说家詹姆斯·米切纳（James Michener）写到的：

> 深谙生活艺术的大师几乎不太区分工作与玩乐，劳动与休闲，思想与身体，知识与再创，生活与追求。他几乎无法将它们区分开来。无论做什么，他都只是奔着追求卓越的愿景而去，至于他究竟是在工作还是在玩乐，仁者见仁，智者见智吧。对他而言，总是一举两得。

100

无私服务

阿尔贝特·施韦泽曾说过："没有什么追求比为人类服务更加高尚。为大众谋福利是最伟大的信条。"中国的古人也深信"赠人玫瑰，手有余香"。想要过上高度充实的生活，最重要的经验教训就是要将以追逐成功为导向的生活升华到以寻找意义为导向的生活。而寻找意义的最佳方式是直截了当地扪心自问："我可以如何服务他人？"

所有伟大的领袖、思想家和人道主义者在人生中无一不是摒弃自私，追求无私，并借此找到了自己梦寐以求的一切幸福、富足和满足。他们都明白人性中至关重要的一个真理：你无法追逐成功，成功只是一种副产品。它是与为他人服务和为世界添砖加瓦的人生相伴而生的、无心插柳却又如影随形的副产品。

圣雄甘地比大多数人更明白服务大众这一道德信

条。在他乘火车穿越印度的时候发生了一个令人难忘的故事。在甘地下车时，一只鞋掉到了铁轨上一个他够不着的地方。他并没有纠结于怎么把这只鞋捡回来，而是做出了让同行的旅伴大吃一惊的举动：他脱下另一只鞋，扔到刚才那只鞋掉的地方。当同伴问他为什么要这样做时，甘地笑着答道：“这样一来，找到第一只鞋子的可怜人就可以有一双鞋子穿了。”

101

活得充实，死亦喜乐

大多数人直到即将离世才发现生命的意义。我们年轻的时候，每天都在拼命努力满足社会对我们的期待，不让自己掉队。我们忙于追逐生活中的大快乐，却错过了许多小快乐，比如与孩子在雨中的公园里赤脚跳舞，种植一片玫瑰，或是看日出。在我们生活的这个时代，人们已然征服了群山之巅，却无法掌控自我。摩天大楼越盖越高，脾气却越来越急躁；财富越来越多，幸福感却越来越少；脑子里装的东西越来越多，生活却越来越空虚。

不要等到行将就木，才意识到生命的意义以及你要在人生中扮演什么样的宝贵角色。太多时候，人们本末倒置：每天都拼尽全力去追求能让自己快乐的东西，却没有足够的智慧认识到幸福并不是终点，而是自己创造出来的一种状态。当你全心全意地发挥自己所有的聪明才智，让其服务于改变他人生活的目标时，幸福和深度充实的生活就会翩然而至。当所有喧嚣褪去，生活的真谛逐渐变得清晰明朗：活着，不仅仅是为了自己。简而言之，生活的意义就在于有意义地生活。

这也是本书的最后一堂人生课。我很荣幸能在这里与大家分享人生心得，愿你能拥有一个智慧、幸福而又充实的精彩人生。愿你能将每日的时光用于愉快的工作、鼓舞人心的追求和与挚爱的相伴。在此我想送上萧伯纳的几句话，这些话比我所说的更加一语中的，深刻总结了最后一堂课的精髓：

> 人生真正的欢欣，在于为自己认定的伟大目标而服务，在于真正成为一股自然的力量，而不是做一个气急败坏的小傻瓜，小题大做，满腹牢骚，只知抱怨这个世界无法带给你快乐。我认为自己的生命是属于整个社会的，只要我活着，我将尽己所能服务于社会，对此我深感荣幸。

我渴望在离开这个世界前充分发挥自己的作用。因为越努力工作，我就活得越充实。生活本身令我感到快乐。生命于我而言，并非短短的一支蜡烛。它仿佛一把递到我跟前的灼灼火炬，此刻在我手中高擎，在将它传递给后来者之前，我想尽己所能使之熊熊燃烧。

致谢

我谨向哈珀柯林斯出版集团（HarperCollins）全体团队成员致以深深的感谢。感谢你们为我带来了一次美妙的出版体验。特别感谢克劳德·普里马（Claude Primeau）的智慧和艾里斯·复尔姆（Iris Tupholme）对这个项目的信任。感谢朱迪·布润思克（Judy Brunsek）、汤姆·贝斯特（Tom Best）、玛丽·坎贝尔（Marie Campbell）、戴维·米勒（David Millar）、劳埃德·凯利（Lloyd Kelly）、多雷·波特（Doré Potter）、瓦莱丽·阿普尔比（Valerie Applebee）、尼尔·埃里克森（Neil Erickson），以及富有见地且能力卓越的编辑妮可·朗格卢瓦（Nicole Langlois）。我还要向所有从始至终给予我工作支持的销售代表表达诚挚的感谢。

此外，我还要感谢埃德·卡森（Ed Carson），感谢我在夏玛领导学国际公司（Sharma Leadership International）的精英团队，感谢你们所付出的心血和给予的支持，以及在我撰写这本书时在管理企业培训班和媒体工作安排方面给予的帮助。感谢看过我的书并拨冗给我写信的读者，感谢家人们给予我源源不断的爱与体贴。